U0251138

简明生物学史话

轻松易读的最佳生物学启蒙书

钟安环◎编著

知识产权出版社
全国百佳图书出版单位

图书在版编目（CIP）数据

简明生物学史话/钟安环编著. —北京：知识产权出版社，2014.4
ISBN 978 – 7 – 5130 – 2427 – 3

Ⅰ.①简… Ⅱ.①钟… Ⅲ.①生物学史 Ⅳ.①Q – 09

中国版本图书馆 CIP 数据核字（2013）第 269233 号

责任编辑：江宜玲　　　　　　　　责任出版：卢运霞

简明生物学史话
JIANMING SHENGWUXUE SHIHUA
钟安环◎编著

出版发行：	知识产权出版社有限责任公司	网　　址：	http：//www. ipph. cn
社　　址：	北京市海淀区马甸南村 1 号	邮　　编：	100088
责编电话：	010-82000860 转 8339	责编邮箱：	jiangyiling@cnipr. com
发行电话：	010-82000860 转 8101/8102	发行传真：	010-82000893/82005070/82000270
印　　刷：	知识产权出版社电子制印中心	经　　销：	各大网上书店、新华书店及相关专业书店
开　　本：	880mm×1230mm　1/32	印　　张：	8.5
版　　次：	2014 年 4 月第 1 版	印　　次：	2014 年 4 月第 1 次印刷
字　　数：	202 千字	定　　价：	32.00 元
ISBN 978 -7 -5130 -2427 -3			

出版权专有　侵权必究

如有印装质量问题，本社负责调换。

前　言

    在古代经验知识积累基础上发展起来的生物学，直到 18 世纪还主要是研究生命活动的各种表现，主要是在搜集、积累事实资料，还是一门关于既成事物的科学。我国和古希腊有不少重要的著作，记载了当时人们的生物学知识。近代自然科学诞生之后，生物学也有了比较大的进展。维萨里的《人体的构造》、哈维的《论动物心脏和血液运动的解剖学研究》和林耐的《自然体系》等，都是 16 世纪以来杰出的生物学成果。

    进入 19 世纪以后，生物学有了巨大的进展。这个进展不是局部的，而是整个生物学面貌的惊人变化：从既成事物的科学转变成整理材料的科学，注意到了生命过程的发展、变化和普遍联系。像拉马克的《动物学哲学》、居维叶的《比较解剖学教科书》和《化石骨骼的研究》、贝尔的《动物发展史》、施莱登的《植物发展资料》和施旺的《关于动物和植物在构造和生长上相适应的显微镜研究》等，都是当时重要的代表性著作。19 世纪生物学重大转折的主要标志是达尔文的《物种起源》的发表和科学进化论的完成。它使生物学最终摆脱了神学的束缚，开始了全新的发展时期。甚至有人说，"达尔文是生物学中的牛顿"，"19 世纪是进化论的世纪"。

    19 世纪生物学的丰硕成果（包括孟德尔遗传定律的发现在

内），不仅给生物学的发展奠定了坚实的基础，而且也给未来的生物学提出了许多深刻的、有待探索的课题。

经过 19 世纪的综合，在物理学革命的影响下，生物学的进展是很快的。早在 20 世纪 60 年代初，根据美国《生物学文摘》的不完全统计，生物学专门性的期刊，一百多年来每 18 年就增加一倍，被称作"爆发性的增长"。

在现代生物学的进步中，遗传学、生物化学和生物物理学尤其突出。拿遗传学来说，20 世纪的头 30 年还主要是经典遗传学的发展时期，到 40 年代就初步揭开了分子水平遗传学研究的序幕，继 1944 年艾弗里等人确认 DNA 是遗传物质之后不到 10 年时间，沃森和克里克就在 1953 年阐明了 DNA 分子的双螺旋结构，使分子遗传学的研究蓬勃地发展起来。这个进展的历程表明，生物学已经从描述到实验、从定性到定量、从宏观到微观向着越来越精确的方向发展。

另外，我们也可以看到应用物理和化学的方法研究各种生命现象，是现代生物学的显著特点。因此，生物化学和生物物理学的进展很快：据统计，有关生物化学的知识、资料内容大约每 8 年就增加一倍；同时，有关生物化学和生物物理学的研究也成为当代生物学的焦点课题。

虽然 20 世纪以来生物学进展很快，硕果累累，在许多方面获得了重大突破，但总的来说，生物学还很年轻，许多问题尚未得到解决，还有待于进一步探索。因此，展望未来，现代生物学的前景是极其广阔的，总的发展趋势是：一方面，由于数学、物理学、化学和工程技术学等的应用和渗透，生物学将日益成为精确的科学，并且将引起各门自然科学的进一步关注和合作；另一方面，由于生产实践和科学实验的需要，对生物体不同对象、不同水平的研究也将会越来越多，越分越细，即从病毒到人体，从对生命物质基础的分析到大生态系统的综合研究，都可以从形态、生理、遗传和进化等不同角度去探索生命活动的规律。

此外，由于人类也是生物学研究的内容，因此，生物学是介于自然科学与人文科学之间的桥梁，这在自然科学日益奔向人文社会科学的今天显得尤为突出。正如美国生物学家辛普森（G. G. Simpson）在谈及生物学的科学地位时所指出的："一切已知的物质过程和解释原则对生物有机体都是适用的，而只有有限的物质过程和解释原则适用于非生命系统……因此生物学是站在一切科学的所有原则都被包罗进去的领域之中，科学才能真正统一起来。"❶

可以预料，在今后生物学的研究中，遗传学仍然占有重要的地位。它的中心课题将是解释多细胞生物，特别是高等动物和人类中的免疫、肿瘤、分化、发育和高级神经活动等问题。从广义上说，遗传现象不只是产生同样的子孙后代，维持个体存在的生命现象也应当在遗传现象的框架里加以阐明。因此可以预料，把生命现象放到遗传背景的范围中去研究，将会取得巨大的成果，有可能出现自然科学的重大突破。

从生物学发展的历程中，我们不难看到：不管人们愿意与否，生物学的研究成果，已经或正在改变着人们的生活方式、生产手段以及传统的价值观念等，促进人类社会经济的发展和人类文明迈上新的台阶；生物学在人类知识范围内，越来越成为丰富多彩和富有魅力的科学，并引导人们去认真思考人类自身的问题；生物学将超越物理学成为下一世纪自然科学的主角。

早在20世纪的上半叶，就有很多自然科学家预计到生物学的全盛时期将会到来，预言未来的一个世纪是生物学的世纪。例

---

❶　恩斯特·迈尔：《生物学思想发展的历史》，四川教育出版社1990年版，第41页。

如，英国物理学家、电子的发现者汤姆生（J. J. Thomson，1856～1940 年）曾经表示过这样的愿望：假如他再度选择他的科学生涯的话，他将选择生物学。美国物理学家密立根（R. A. Millikan，1869～1953 年）在 20 世纪 30 年代展望未来科学的前景时说："我所期待的在未来世纪中有重大变化的科学，是生物学而不是物理学。"苏联物理学家塔姆（J. Y. Tamm，1895～1971 年）也曾预言，生物学将代替物理学成为自然科学中的主角。这些科学家的愿望和预言体现了现代自然科学发展的趋势，意味着应用物理、化学深入地揭露有机生命的运动规律，取得极为丰硕的科学成果的时期必将到来。

我们相信，这一天为时不远。

第一章

原始人的生物学

● 生物学是和人类一起诞生的

根据古人类学的研究，大约在二三百万年以前，人类就已经出现在地球上了。

人类是从古猿变来的。古猿也好，人类也好，都要以生物作为食物来源。因此，古猿在没有变成人类之前就已经在跟生物打交道了。

但这只是一种本能的活动。古猿虽然已经有了某种高级神经活动，但这种活动还不是有意识的。所以它们虽然跟生物打交道，却谈不上有什么生物学的知识。

只有在古猿变成人类以后，这种本能活动才变成了有意识的。这时候，原始人类为了求生存而有意识地跟生物打交道，于是开始搜集和积累有关各种生物的知识。从某种意义上说，这就是原始人的生物学。

所以，生物学是和人类一起诞生的。

原始人有些什么生物学知识，我们现在当然很难查考。但是，根据古人类学的研究，根据地下发掘的化石和考古资料，我们能大体上推断出原始人类的生活状况、生产能力和认识水平，因此也就可以间接地推断出一些。

由于气候变化、森林减少，古猿被迫离开了森林，开始尝试直立行走，手足逐渐分工，使用并且能制造简单的工具（打制的石器和经过简单加工的木棍），最终变成了人类。原始人的生活状况十分艰苦，他们为了谋生和发展，必须不断地跟严酷的自然条件斗争。在这一过程中，他们逐渐能区分主体和客体，认识到人类和自然界的关系。于是，他们就能以自己为主体，去认识各种各样的植物和动物。

原始生物学就是从对植物和动物的观察开始的。

● 采集者和渔猎者的生物学

一开始，原始人继承古猿的生活方式，主要以采集植物性食物和小昆虫等过活。但由于他们离开了森林，植物性食物已经不那么丰富，因此他们得扩大植物性食物的种类，识别新的可以充饥的植物，找出可以充饥的部分，比如用木棍挖掘一些植物的地下根茎。所以，原始生物学首先包括作为一个采集者所需要的生物学知识。

他们的采集目标首先是植物性食物，其次也包括一些小昆虫。他们也会自然而然地产生出植物和动物两大类生物的概念，前者在固定的地方生长，后者则四处活动。

而对于不同的植物，对于植物的不同部分如根、茎、叶、花、果等，他们也必然能逐渐加以识别，逐渐熟悉各种植物的形态特征，并且分别给它们起适当的名字。

不同的动物，有的可作为原始人的食物，有的却很凶猛，是原始人的威胁。这也必然会在原始人的意识中产生出区别的概念。他们在不同程度上了解它们的形态特征，并且给它们起适当的名字。

要想进一步扩大食物来源，原始人就不能只停留在做采集者。随着工具的改进，他们开始猎取一些小动物，进而设法猎取一些比较大的动物，开始狩猎；而在靠近水源的地方，则开始了渔捞。

渔猎者需要比采集者更加丰富的生物学知识。他们不仅要熟悉不同动物的形态特征，还要熟悉它们的生活习性，以便利用它们的弱点去猎取它们。

但无论是作为采集者还是渔猎者，原始人都是以自然界现成的动植物作为采集或猎取目标的。总的来说，他们对各种生物的认识水平还很粗浅。

● 种植者和驯养者的生物学

美国人类学家摩尔根（L. H. Morgan，1818～1881年）把人类史前（指有文字记载的历史以前）的文化阶段分成蒙昧时代和野蛮时代。作为采集者和渔猎者的原始人就处在蒙昧时代，而野蛮时代特有的标志是动物的驯养、繁殖和植物的种植。

因此，如果说蒙昧时代的生物学是采集者和渔猎者的生物学，那么野蛮时代的生物学则主要是种植者和驯养者的生物学。

和采集者相比，种植者需要了解更多的植物知识。他们不仅了解不同作物的生长习性，适时地播种和管理，而且摸索出了一套栽培经验。通过人工栽培，人们已经能够影响植物的生长发育，对植物进行改造，培养出比野生品种优良的栽培品种。虽然这些经验都比较简单，而且往往是经验知识，还谈不上是生物学理论，但和采集者相比，肯定是大大提高一步了。

同样，驯养者了解的动物知识也一定多于渔猎者。对于饲养动物的生活习性，他们有需要也有可能进行更加深入的观察和了解，特别是关于饲养动物的繁殖和品种培育方面的知识。虽然这些知识还停留在经验阶段，没有上升为生物学理论知识，但无疑要比渔猎者的生物学提高了一大步。

● 原始人的生理学和医学知识

可以推断，除了观察植物和动物之外，原始人也很关心自己的身体状况。

我们现在无法确知原始人知道哪些生理解剖知识。很可能他们只停留在一些表面的认识上。比如对于耳、目、口、鼻等的感官功能，他们能凭直观的现象有所认识。对于人体解剖，由于战争杀戮和动物类比，也会有一定的认识，但不会是精确的。而对人类的高级神经活动、思维活动，他们可能充满着不少神秘的观念。

生老病死是原始人生活中常见的现象，生病和受伤给原始人带来了极大痛苦。一开始可能只是出于求生的本能，原始人在偶然的尝试中发现了治疗伤病的方法，在摸索中逐渐积累了经验，由此而产生了原始的医学。

我国古代神农氏尝百草的传说，就是原始医学产生过程的反映。它把原始人历代积累用草药治疗伤病的经验的长期过程集中在一个"圣人"身上。

原始医学也是原始生物学的一个重要方面。

● 原始生物学延续了二三百万年

原始人的生物学知识可能还有其他方面。我们既然全凭推断，自然只能举出一些主要方面。

总的来说，原始人对自然界的认识一开始主要是凭直观的感性认识，对生物学的认识也不例外。起初他们对于个别的自然现象还缺乏相互联系的认识，但随着原始人的生活和生产实践的不断丰富，他们也逐渐对一些自然现象试图作出相互联系的猜测和思考。但总的来说，原始人的认识水平是十分低下的，其掌握的生物学知识也是十分有限的。

原始人的生物学知识虽然十分有限，但这一阶段延续的时间却相当漫长。如果说人类的历史有二三百万年，那么人类处在原始社会的时间几乎也有二三百万年。

人类的原始社会以生产资料的原始公社所有制为基础，是一种生活水平和生产水平都十分低下的公有制社会。在原始社会，人们主要使用石器工具，因此人类历史这一最初的漫长的阶段也叫石器时代。根据不同的发展阶段，石器时代又可分为旧石器时代、中石器时代和新石器时代。旧石器时代人类使用的是比较粗糙的打制石器。一直到大约一万年前才进入中石器时代，人类开始使用局部磨光的石器，并且发明了弓箭。新石器时代开始于七八千年前，那时人类已经以使用磨光石器为主。前面说的人类从蒙昧时代进入野蛮时代，开始种植植物和驯养动物，就和新石器时代相当。

继石器时代之后，在距今大约六千年前或更晚，人类先后进入铜器时代（红铜时代和青铜时代），到距今大约三千多年前，又开始进入铁器时代。

随着工具的改进和生产的发展，原始公社逐渐解体，出现了私有财产，并且出现了第一个人剥削人的制度——奴隶制度，继奴隶制度之后又出现了封建制度。与此同时，文字的发明使人类开始有了用文字记录的历史，文明时代由此开启。

下一章，我们将从有文字记录的历史中探索一下古代的生物学。

第二章

古代的生物学

● 古代的生物分类思想

　　我们可以想象，原始人在跟各种动植物打交道的过程中，已经产生了把它们加以分类的想法。但是既然他们没有留下任何可以帮助我们推断的资料，我们只好不去深究了。

　　进入文明时代后，人们开始有了文字，留下了一些资料，这些资料可以告诉我们，他们是怎样对生物进行分类的。

　　先说我国古代对动植物的分类认识。

　　我国现存最早的文字资料是在河南安阳殷墟发现的甲骨卜辞。甲骨文是一种比较原始的象形文字。从这些甲骨卜辞里提到的动植物名称的象形文字可以推知，那时的人们已经能够按照动植物外部形态的异同来分类了。例如，"犬"和"狼"都从"犬"形，"鹿"和"麋"都从"鹿"形，表示它们各属一类。"牛""羊""马""豕""犬""狼""鹿""麋""虎""豹"等字的字形都具有四足这一外部形态，说明其同属一大类，都是四足动物，也就是我们现在所说的兽类。甲骨文中"雉""鸡""雀""凤"等字都从"隹"形，显示它们都具有羽翼这一外部形态，说明其同属一类，都是羽翼动物，也就是我们现在所说的鸟类。甲骨文中有几个字从"虫"形，表示它们同属另一类——虫类。现存的甲骨文中有"鱼"字，但是没有表明不同鱼的名字，这反映出他们对鱼类的认识还比较粗浅，仅知道它们是和虫、鸟、兽不同的另一类动物。至于植物的名称，有同从"禾"形的"禾""秋""麦""黍"等字，同从"木"形的"杜""柏""桑""栗"等字，这表示他们把植物分成了禾类和木类两大类，相当于我们现在所说的草本植物和木本植物。

从甲骨文中反映出我国最古老的、传统的生物分类认识，就是把植物和动物分成草、木、虫、鱼、鸟、兽。这种分类思想被比较完整地表达在我国最早的一部辞书《尔雅》里。《尔雅》是一部分类词典，从战国时期起就开始汇集，到西汉初叶才告完成。在这部辞书里，有《释草》《释木》《释虫》《释鱼》《释鸟》《释兽》《释畜》等篇。前6篇正是把植物和动物分成草、木、虫、鱼、鸟、兽6类，而最后一篇又把饲养动物和野生动物区别开来。《尔雅》一书里动植物名称的排列也有一定的顺序。从排列顺序不难看出，它们在大类中还有比较细的分类。如把韭、葱、薤、蒜等排列在一起，表明它们同属葱蒜类。植物中还有桃李类、松柏类、桑类、榆类等。在动物中把不同种类的蝉排列在一起，表明它们同属蝉类。动物中还有甲虫类、蚁类、蜂类、蚕类、贝类、蛇类、蛙类、雉类、鸥枭类、麋鹿类、虎豹类等。

在我国春秋末年记述手工业生产技术知识的著作《考工记》里，还把动物分成大兽和小虫。所谓大兽包括"脂""膏""蠃"

"鱼""鳞"5 类。根据和《考工记》差不多同时期的《周礼》《管子》、战国末年的《吕氏春秋》和西汉初年的《淮南子》等书里的有关记载,可知道这 5 类大兽就是"羽""毛""鳞""介""赢"。"羽""毛"就是前面所说传统分类中的鸟、兽。"鳞""介"❶ 是从传统分类中的鱼类分化出来的。至于"赢",根据考证,当是指人类。"赢"就是裸,因为人类既无羽毛,又无鳞介,生下来是裸体的。这 5 类大兽相当于现在所说的脊椎动物,而小虫相当于传统分类中的虫和现在所说的无脊椎动物。这是我国古代分类认识上的一个发展。

我国古代把生物按草、木、虫、鱼、鸟、兽分类的思想和把动物按"羽""毛""鳞""介""赢"分类的思想源远流长,两者相互补充。随着生产的发展,人们积累起来的动植物种知识越来越多,所以很自然地要求有更加准确、细致和实用的分类方法。

这里特别值得一提的是明朝李时珍(1518～1593 年)在《本草纲目》一书里所使用的分类方法。

李时珍是湖北蕲州人,诞生于一个医学世家,是我国乃至世界最杰出的医药学家之一。他从小就对医药学特别感兴趣,在行医中深切体会到人们对医药知识的需要,因此立志重修"本草"。从公元 1552 年开始,他花了整整 27 年的时间完成了《本草纲目》这部伟大著作。《本草纲目》全书 52 卷,190 多万字,收载药物 1 892 种。这部书规模之宏大、内容之丰富、涉及范围之广博,是古代任何一部本草书所望尘莫及的。作为世界科学史上享有盛名的科学巨著,它不仅是一部珍贵的药典,在分类学上也有突出的贡献。

---

❶ 这里的"介"指龟鳖类。

在李时珍之前，我国已有过许多种记载药物的专著。成书于秦汉以前的《神农本草》，共收载药物365种，并且根据药物的不同性能，把这些药物分成上、中、下三品（上品指无毒的，中品指毒性小的，下品指毒性剧烈的）。公元659年成书刊行的唐朝苏敬等人编撰的《新修本草》，收录药物844种。成书于公元1083年的北宋唐慎微编著的《经史证类备急本草》，收录药物达1 558种。但是这些书对药物的分类都不完善，加上长期辗转传抄，不免有许多错乱。

李时珍的《本草纲目》在前人的基础上，重新对药物作了比较科学的分类。他把药物分成水、火、土、金石、草、谷、菜、果、木、服器、虫、鳞、介、禽、兽、人体附属物16部。其中除水、火、土、金石、服器5部不属于生物外，其余11部体现了李时珍的生物分类思想。他还把每部分成若干类，如木部又分成香木、乔木、灌木等6类，草部又分成山草、芳草、湿草、毒草、水草、蔓草、石草等10类。在动物分类方面，李时珍基本上是按照从低级向高级进化的顺序排列的，即虫、鳞、介、禽、兽、人。李时珍的分类方法"博而不繁，详而有要"，眉目分明，便于掌握，深为后人所推崇。

《本草纲目》在李时珍死后三年——公元1596年才正式刊行，出书后很快就传播到国外。1606年首先传到日本、朝鲜，以后又陆续被译成拉丁文、法文、英文、德文和俄文等版本，流传世界各地，对世界医药学和植物学的发展起到了一定的作用。

在西方，古代关于生物分类的思想以古希腊学者亚里士多德（Aristotle，公元前384～公元前322年）的著作为代表。

亚里士多德是古代西方最伟大的思想家和第一个最博学的人。他于公元前384年出生于希腊的马其顿。他父亲是马其顿国王阿明塔的御医，他希望他儿子将来也从事这一职业。因此，亚里士多德在青年时代就被劝告要观察生命现象。从公元前345年起，他就在柏拉图学院与狄奥弗拉斯图一起收集了第一批植物标本。后来狄奥弗拉斯图继续这一工作，而亚里士多德转向了动物学的研究。在《动物史》这一著作中，他描述了将近500种动物，并且对它们作了分类。

在亚里士多德之前，西方常把动物分成水栖动物和陆上动物、有翅动物和无翅动物等互相对立的类别。亚里士多德注意到这种分类方法会把关系很近的动物分开，例如把有翅蚁分在有翅动物里，而把无翅蚁分在无翅动物里。因此他想，应该寻找一种能尽可能多地区别不同类动物的特性来作为动物分类的标志。

按照这样的想法，亚里士多德采用血液的有无作标志，把整个动物界分成两个部门：有血液的动物和没有血液的动物。这两个部门的动物大体上相当于现在分类学上的脊椎动物和无脊椎动物。亚里士多德把这两个部门的动物又细分成若干部类。比如他把有血液的动物分成胎生四足类、卵生四足类、鱼类和鸟类四个部类；把没有血液的动物分成软体类、甲壳类、介壳类和昆虫类四个部类。

亚里士多德把动物界分成两大类是相当有道理的，但是他所采用的分类标志——血液的有无还不能完全反映出动物界的真实面貌。因为他把动物体内呈红色的液体才叫做血液，那么那些只具有白色或者近似白色液体的动物就被断定是没有血液的了，这和事实显然是不相符的。此外，有些带红色血液的动物，如有些环虫类，也不应该和鱼类等列在同一类里，因为它们属于低等动物。

尽管这样，亚里士多德的分类方法多少反映出了动物从低级到高级发展的倾向。

亚里士多德的同学狄奥弗拉斯图（Theophrastus，公元前371～公元前287年），也是古希腊著名的学者。他生于累斯博斯岛的艾雷色斯。他的父亲是一个漂洗工，但给予他许多实际的生活和科学观点。他与亚里士多德同在柏拉图学院工作。柏拉图死后，他就跟随亚里士多德，并成了亚里士多德忠实的学生、朋友和助手。狄奥弗拉斯图在植物分类方面做了不少工作。他共搜集和描述了大约 450 种植物，并且按照它们的形态分为树木、灌木和草类三大类；按照它们的生长地区分为陆生植物和水生植物两大类。其中陆生植物又分为落叶植物和常绿植物，水生植物又分为淡水植物和咸水植物。

此外，他还明确地区分了动物和植物，并详细地阐明了动物和植物在结构上的基本区别。例如，他指出：许多植物体的某些部分很容易得到更新，而动物失去身体的某个"部分"（常常是由一种意外的事故导致），它们的再生是极有限的。

亚里士多德和狄奥弗拉斯图在分类学方面的工作，对以后生物学的发展起到了相当大的作用。

古代的生物学以描述动植物为主要内容。我国著名的生物学著作留传到现在的，据说最早的是一部描述鸟类的著作——《禽经》。该书相传是春秋时期师旷所撰，晋朝张华作注，但也可能是后人托名的唐宋时期著作。书的内容以记载几十种鸟类的生态为主，并且注意到其身体构造的适应现象。植物方面，有晋朝嵇含撰的《南方草木状》，分三卷：上卷记载草类 29 种，中卷记载木类 28 种，下卷记载果类 17 种和竹类 6 种，共 80 种。书里还有生物防治的记载，是我国现存最早的地方植物志。我国还有和实用技术结合记载动植物的书，如前面提到过的有关药物学的多种本草书，还有许多有关农业的农书，如西汉的《氾胜之书》、北魏的《齐民要术》、元朝的《王祯农书》、明朝的《农政全书》等。另外还有记载花卉的专著如《牡丹谱》《芍药谱》《菊谱》《群芳谱》等。

西方古代的生物学著作也属于这一性质。如前面提到过的亚里士多德的《动物史》记载了动物近 500 种，亚里士多德的同伴狄奥弗拉斯图著有《植物学》，书中记载了植物大约 450 种。公元 1 世纪的罗马学者普林尼（Gajus Plinius Secundus，公元23 ~ 79 年）著有 37 卷《自然史》，里面记载植物大约 1 000 种，并总结了亚里士多德和亚历山大里亚学派所获得的一切知识，堪称西方古代百科全书的代表作。

在动植物记载中，分类思想有很重要的地位。分类思想引导着对各种动植物作比较的研究，而在比较研究中会对各种动植物作进一步的概括，从而有可能产生某种生物学理论。

当然，古代这些分类思想虽然在当时的条件下都有一定的重要意义，但始终停留在描述阶段，离科学的分类学还有一定距离。直到近代的科学分类法产生以后，生物学才有比较大的进展。

● 古代关于医学和人体解剖的知识

原始人除了观察动植物之外，也关心自己的身体状况和医疗技术。

从有文字记载的资料来看，古代生物学正是继承了原始生物学的这两个方面发展而来的。我们上一节讲的古代生物分类思想是描述动植物形态、生理的某种程度的概括和总结，相比之下，古人在人体生理解剖和医学知识方面的发展占有更加重要的地位。

仍然先从我国的古籍说起。

我国现存最早的医学典籍叫做《内经》，从它现在的内容和形式来看，其中可能包含有秦汉以来的医学成就。但是它的主要内容还是秦汉以前的我国人民长期同疾病作斗争的临床经验和医学理论知识。

在《内经》里包含有不少人体解剖方面的知识。如书里讲到："若夫八尺之士，皮肉在此，外可度量切循而得之，其死可解剖而视之，其脏之坚脆，腑之大小，谷之多少，脉之长短，血之清浊，气之多少……皆有大数。"这就是说，通过对人体的量度和尸体的解剖，可以得知脏腑的坚脆、大小等。我国另一部医学典籍、后人托名战国时期名医扁鹊著的《难经》还具体地记载了人体肠胃的长短、对径和容量。比如说胃大一尺五寸，径五寸，长二尺六寸；回肠大四寸，径一寸半，长二丈一尺；等等。书里列举的数字虽然不全可靠，但可表明当时医家已经注意到脏腑的量度，重视解剖中的客观数据，这是难能可贵的。

《内经》里还提到"心主身之血脉"，"经脉流行不止，环周不休"。这表明古人已经认识到心脏和血脉之间的关系，并且有了血液在体内循环的观念。虽然当时人们还不能用实验来确证血液在体内的循环，但是这种血液循环的观念并不是毫无根据的猜测。当时还把血脉区分为经脉、络脉和孙脉，说"经脉者，常不可见也……脉之见者，皆络脉也"，"经脉为里，支而横者为络，络之别者为孙"。这相当于现在的动脉、静脉和微血管。这些虽然不见得都有精确的实验根据，但还是建立在对人体结构和生理细致、深入的观察基础上得出的。

在西方，古希腊的希波克拉底（Hippocrates of Cos，公元前460～公元前370年），是当时医学领域最杰出的人物之一。虽然当时医学水平还很低，但是他却将医学发展成为专业学科，使之与巫术及哲学分离，并创立了医学学派。为此，人们尊称他为"医学之父"。

希波克拉底生于小亚细亚的医生世家，从小就跟他的父亲学医，几年后独立行医，经常拜当地名医为师，以便获取百家之长。他在行医过程中结识了许多有名的哲学家，这些人的独到见解对他很有启发，为他后来提出"四体液学说"奠定了基础。

四体液学说在当时是很有影响的医学理论。它不仅是一种病理学说，而且也是最早的气质与体质理论。四体液学说认为，复杂的人体是由四种体液（即血液、黏液、黄胆液、黑胆液）组成的。这些体液在人体内的不同比例形成了人的不同气质：性情急躁，动作迅猛（胆汁质）；性情活跃，动作灵敏（多血质）；性情沉静，动作迟缓（黏液质）；性情脆弱，动作迟钝（抑郁质）。先天性格表现会随着后天的环境变化而发生调整，性格也会随之变化。这一见解为后来的医学心理治疗提供了一定的指导基础。如果这四种体液在体内不平衡，就会导致疾病，而体液失去平衡又是外界因素影响的结果。所以，外界环境、人们的生活方式等与人的健康、疾病有着密切的关系。

此外，希波克拉底还有许多关于医学和人生方面的至理名言，如："人生矩促，技艺长存"；"机遇诚难得，试验有风险，决断更可贵"。这些格言至今仍然给人以启示。至于希波克拉底誓言，更是医学家所熟知的医德规范："我要遵守誓约，矢忠不渝。对传授我医术的老师，我要像父母一样敬重，并作为终身的职业。对我的儿子、老师的儿子以及我的门徒，我要悉心传授医学知识。我要竭尽全力，采取我认为有利于病人的医疗措施，不能给病人带来痛苦与危害。我不把毒药给任何人，也决不授意别人使用它。我要清清白白地行医和生活。无论进入谁家，只是为了治病，不为所欲为，不接受贿赂，不勾引异性。对看到或听到不应外传的私生活，我决不泄露。如果我能严格遵守上述誓言时，请求神祇让我的生命与医术得到无上光荣；如果我违背誓言，天地鬼神一起将我雷击至死。"

在古希腊，阿尔克梅翁（Alcmaeon，约公元前 500 年）、赫罗菲拉斯（Herophilus，约公元前 300 年）和埃拉西斯特拉塔（Erasistratus，约公元前 300～公元前 260 年）等，就曾通过对动物和人的尸体的解剖获得了许多解剖学的知识。如赫罗菲拉斯和埃拉西斯特拉塔发现脑是全部神经系统的中枢，注意到神经直接和脑质相联系，确认脑是思维和智慧的器官。除此以外，埃拉西斯特拉塔还发现了心脏的瓣膜，并且预言动脉和静脉分枝到可见的境界之后，还有微血管的存在。

亚里士多德对解剖学也有贡献。他正确地区分了神经和腱的概念，并且确认全部动脉都是一个从心脏发出的被叫做主动脉的主干的分枝。

西方这些早期的解剖学记载都是很有价值的。但是集古代解剖学大成的，还是古罗马的医生盖仑（Claudius Galen，约公元 129～公元 200 年）。他生于公元 129 年，其父是小亚细亚一位有教养的建筑师。他父亲首先教给他的就是数学和自然科学。盖仑在解剖学上的成就和他同情基督教信仰的观点，使他享有数百年的威望。盖仑写了《解剖学的研究》《医术》等近 400 部著作，这些著作显示出他完全掌握了古代的医学知识。

盖仑是当时罗马皇帝的宫廷医生，有非常好的工作条件。他用狗、猴子和其他动物作了许多解剖学实验，获得了许多解剖学的知识。他是他那个时代最伟大的解剖学家。

盖仑发现骨骼的结构有不同的类型，如长骨、扁骨、短骨等，并且区分出动关节和不动关节。用实验查明脊髓的作用也是盖仑解剖学出色的一页。他用不同的哺乳动物进行实验，发现如果在第一和第二颈椎之间的水平面上切断脊髓，动物会立即死亡；而在第三和第四椎骨之间切断，会引起呼吸的中断；如果伤口在第六椎骨或更下一些，就会引起胸部运动的麻痹或下肢、膀胱和肠的一部分的麻痹。他就是这样用实验验明了脊髓在动物身体里的重要功能。

此外，盖仑还用结扎血管的实验证明，在动物的一生中血液始终是沿着动脉流动的，纠正了在他以前认为动脉里充满着空气的错误看法。但是他关于血液运行的总的观念却是错误的。他认为血液是在肝脏里形成的，形成后就存在于静脉里。静脉里的血有一部分由静脉本身输送到全身，另一部分就流入右心室，通过中隔到左心室，再流经动脉传到全身。这样，在盖仑的血液运行观念中，存在两个血流系统：动脉和静脉。动脉和心脏的左半边相联系，而静脉和心脏的右半边相联系。每一个系统都有周期性的血液来潮和退潮，它时而流向心脏，时而由心脏流出。因此血液在血管里像潮汐涨落那样来回运动，实际上无所谓血液循环。

盖仑还运用灵气的学说来解释心血管的基本生理活动。他认为肝脏产生"自然灵气"，肺脏产生"生命灵气"，脑产生"智慧灵气"。这三种灵气混入血液里，运行全身，就造成了奇妙的有智慧的生命现象。

盖仑的解剖学工作充实了古代解剖学，并且使古代解剖学所得到的事实系统化，奠定了古代科学解剖学的基础。但是，盖仑的解剖学存在许多错误。除了上面所说的错误的血液运行观念之外，他关于器官结构和功能的目的论观念也是错误的。在盖仑看来，每一个器官或任何器官的每一部分都具有用最好方式来完成它的功能的结构，而且这种结构完全是有目的地产生和存在的，不会有任何改进。这当然是荒谬的。

盖仑的解剖学实验主要是在狗和猴子等动物身上做的，他没有解剖过人的尸体。因此，当他把这些动物身上观察到的结果直接类推到人身上的时候，有时就陷入了十分可笑的地步。例如，他确定人的肝也像狗一样是五叶的，而实际上人的肝只有两叶。

随着医学的进步，我国历代对人体解剖学也有所发展，但由于我国医学后来偏向经络学说，因此人体解剖方面常被忽视。经络学说认为人体各部位遍布经络，它不仅代表血脉运行，还担负着运送全身气血、沟通身体内外上下的功能；它不仅分布在体表，而且进入体内和脏腑相互连接，并且周而复始地循环运行。但直到现在，我国医学中的经络究竟是什么，仍没有一个清楚的解释。而在人体解剖方面，往往以讹传讹，因袭旧说。虽然我国在外科学方面也曾经有过辉煌的成就，相传公元 2 世纪我国东汉名医华佗（约公元 145～公元 208 年）就能用麻醉术施行腹腔外科手术，可惜后来失传了。所以一直到西方的近代人体解剖学产生之后，我国清朝的名医王清任（1768～1831 年）才撰写《医林改错》一书，纠正了过去在人体解剖学方面沿袭下来的不少错误。

在西方，由于中世纪封建统治的黑暗，所以宗教神学占统治地位，科学发展停滞。在人体解剖学方面，盖仑"灵气学说"中三种灵气的观念同基督教教义中"圣父、圣子、圣灵三位一体"的观念正好相符，因此被认为是基督教解释自然和生命现象的理论基础。从公元 2 世纪到公元 16 世纪，盖仑学说被奉为神圣不可侵犯的信条。一直到文艺复兴时期，才有一些科学家对盖仑学说中的错误观点提出挑战，使人体解剖学发生了革命性的变革。

● 古代对于遗传和变异的认识

古人在对生物进行分类和研究人体解剖知识的时候，必然涉及生物的遗传现象。人们很早就注意到"类生类"的现象。俗话说，"种瓜得瓜，种豆得豆"，讲的就是遗传现象。

我国古代人民很早就从这种普遍的遗传现象中，认识到各种生物都存在遗传性。古籍里有很多关于生物的"性""本性""天性"的记载，认为生物种类不同，本性也不一样。这种本性，有一大部分讲的就是遗传性。

古人在认识生物遗传现象的同时，也认识到生物还存在着变异性。

我国是一个农业古国，在长期的农业生产实践中，人们对于生物品种的培育积累了丰富的经验。生物品种的培育就是利用了生物的变异性。我国古籍里关于生物变异的记载是很多的。

比如，2000 多年前的《周礼》一书记载了谷子有成熟期比较长的"稺"和成熟期比较短的"稑"。《尔雅》里关于生物变异的记载就更多，光马就有 36 个品种，并且描述了它们的差异，如马的毛色有黑白杂毛和红白杂毛等。

北魏农学家贾思勰（公元 6 世纪）和明朝的学者宋应星在有关生物的遗传和变异方面也有独到的见解。

贾思勰是北魏末期杰出的农业科学家。他是山东益都人，曾经做过高阳郡太守，后来回到家乡，经营过农牧业，后写成《齐民要术》这一农业生物科学名著。这里的"齐民"指一般平民百姓，"要术"意为谋生的主要方法。《齐民要术》全书共 92 篇，分成 10 卷，11 万多字。全书初步建立了农业科学体系，是我国乃至世界现存最早的一部"百科全书"式的农业生物科学著作。

贾思勰在《齐民要术》里描述了生物的遗传和变异的关系。他在书里引用自己观察到的事实，说明由于"土地之异"，同一植物形态习性会变得同原来有很大差别，进而讲述了人工选择、人工杂交和定向培育等育种原理。他还提到适时耕作的重要性，指出："凡谷成熟有早晚，苗秆有高下，收实有多少，质性有强弱，米味有美恶，粒实有息耗。地势有良薄，山泽有异宜。顺天时，量地利，则用力少而成功多。任情返道，劳而无获。"

明朝学者宋应星（1587～约1661年）是江西奉新人。在他看来自然界蕴藏着无数的物质资源，这些资源是自然界本身形成的，这就是"天工"；然后通过人类的开发，创造出各种物质资料来，就叫"开物"。基于这种认识，他把他的巨著命名为《天工开物》（全书分上、中、下三卷）。这本书是作者通过实地观察研究所得，真实地记载和总结了我国古代农业和手工业生产技术等各方面的卓越成就，具有重要的科学价值。

宋应星在这部著作里记录了农民培育水稻、大麦新品种的事例，研究了土壤、气候、栽培方法对作物品种变化的影响，又注意到不同品种杂交引起变异的情况，说明通过人为的努力，可以改变动植物的品种特性，得出了"土脉历时代而异，种性随水土而分"的科学见解，把我国古代科学家关于生物变异的认识推进了一步。他还指出："凡粮食，米而不粉者，种类甚多，相去数百里，则色、味、形、质随方而变，大同小异，千百其名。"他明确地提到了环境条件对于生物变异的影响。

另外，明朝李时珍在他的《本草纲目》里也记述了许多有关生物变异的资料。例如书里说金鱼有鲤、鲫、鳅、鳖4个种类，其中鲤、鲫比较多，而鳅、鳖比较少；并且说鳅金鱼起源于宋朝，到后来才发生很多变种。

我国的栽培植物和饲养动物，包括花卉、家蚕和金鱼等，品种繁多，是别的国家不能比的。

在西方，人们很早就根据所观察的事实，对遗传和变异的原因作过种种猜测。

例如，古希腊的医生希波克拉底对遗传过程就作过这样的设想：子代之所以具有亲代的特性，是因为在精液或胚种里面，集中有来自亲体里各部分的微小代表元素。按照希波克拉底的猜测，后天获得的性状是可以遗传的。希波克拉底学派的一位医生曾经讲到，孩子一生下来，当头骨还是软的时候，就用手去揿按使它变长，以后用绷带或者其他合适的方法逼使头部继续拉长。过了一段时候，头部就会自然而然地按变长的方向发育，而不再需要外力迫使了。

亚里士多德在他的论生物繁殖的著作里，也谈到过遗传问题。他着重指出雌雄两性在遗传中的作用是不同的。他认为雄性代表形式、运动，是活动性的；雌性代表质料、潜力，是被动的，它通过形式而到达现实。亚里士多德曾经形象地把男人的作用比作木匠，把女人的作用看做是提供木料。很明显，亚里士多德的观点跟希波克拉底不同。他认为种子不是从亲代汇集来的代表元素重新组成的，因为父亲的精液不是提供胚胎的组成元素，而是把母亲没有形成的血液形成它们后代的"蓝图"。

古代的遗传观念合理地解释了孩子的性状常常表现出他双亲的中间性的现象。根据双亲特性往往在子代中混杂出现的事实，人们常常把遗传解释成双亲的遗传性或者双亲的"血"（按照古代的观念，精液是血液形成的）在子代中混杂的结果。

● 古代对于微生物的认识和利用

在没有发明显微镜之前，古人对生物学的研究只能限于宏观方面，因此他们无法直接认识到微生物。

尽管这样，人们在进入文明时代以后，已经在许多方面跟微生物打交道，在利用有益微生物和防治有害微生物方面不断地积累了经验。

在微生物的利用上，我国作为一个文明古国，有许多独到之处。

首先，我国有独具一格的制曲和酿酒技术。

在殷墟出土的甲骨文中，就有"酒"字。在殷墟里还发现了酿酒作坊遗址。在记述殷商历史的古籍里，有制酒用到"曲蘖"的文字记载，"曲"就是长微生物的谷物，"蘖"就是发芽的谷物。这说明我国酿酒最早是同时用曲和蘖的。这里蘖起淀粉糖化的作用，曲起酒精发酵的作用。

但是到了约汉朝以前，我国酿酒已经只用曲而不用蘖了。当时制曲的时候利用了某些有利条件，使曲里含有大量混杂生长着的霉菌和酵母，它们分别起着淀粉糖化和酒精发酵的作用，使糖化和酒精发酵两个过程既连续而又交叉地进行，这种方法现在叫做复式发酵法，是我国独特的酿酒方法。在西方，古代一直用麦芽酿酒。直到今天，西方各国用谷物酿酒也仍然使用麦芽糖化再加入酵母进行酒精发酵的两道程序。

从我国古籍可知，我国古代对曲蘖酿酒的长期观察已经很周到，虽然不知道微生物的存在，但是对曲里微生物的生命活动已经有一定认识，酿酒技术已经相当先进了。我国在发酵技术方面也有许多创造，如用酸浆调节发酵、加热防酒变质、加蜡或加油消除泡沫等。

最迟到公元 10 世纪的宋朝，我国发明了用特殊方法处理大米培养具有耐酸、耐热、耐缺氧特性兼具糖化和酒精发酵能力的红曲来酿酒。

我国在制曲酿酒技术的漫长发展过程中，还分化培养出酿醋、制酱和腌制食品的各类曲，这些也都有相当悠久的历史。

当然，这些利用微生物的实用技术不限于我国，各文明古国在不同程度上都有一定的成就，只是我国古代在这方面更加先进罢了。

　　古人对于微生物的利用也不限于酿酒、酿醋、制酱等方面。在用腐烂的杂草和粪做肥料的过程中，实际上也是在跟微生物打交道。我国古代许多农书里都记载了这方面的经验。在种植豆科植物做绿肥方面，我国也有悠久的历史，而这实际上也是在利用豆科植物根部的微生物根瘤菌。而且我国农民很早就知道把多年种过豆科植物的土壤移到新种植豆类的田里去，这可以说是接种根瘤菌的一种措施。

　　古代对于微生物的认识和利用，当然主要还是停留在技术经验上。即使对于微生物的生命现象有一定的认识，也只是停留在表面现象上。

　　微生物学的诞生是在显微镜发明之后，以 19 世纪法国微生物学家巴斯德的有关微生物的实验为标志。这已经是时隔多年相当晚的事了。

● 古代的生物进化思想

　　古代的生物学，一般来说，局限在直接的观察和经验的记载上。我们前面讲到的分类思想、人体解剖知识、遗传变异现象的认识、微生物的认识和利用可以说都属于这一性质，还谈不上是系统的理论。

　　虽然缺少建立在实际材料基础上的系统理论，但在生物进化问题上，却已有过不少属于猜测性的、带有理论色彩的思想。这种朴素的生物进化思想往往和另一种错误的思想——神创论相对立。

　　我们在回顾古代的生物学前，有必要对于古代朴素的生物进化观作一些阐述。

所谓生物进化思想，是回答各种不同生物最早是从哪里来的问题的。

神创论也叫特创论。神创论者对于这个问题的回答是：生物界的所有物种都是由神（上帝）分别创造的，是一成不变的，或者只能在种的范围里变化，但是绝不会形成新种。这种神创论的代表是西方基督教的《圣经》（《旧约·创世纪》）里所说的上帝六天创造世界万物的说法。这种说法最初来自某些古代民族的神话故事，但自从基督教在西方中世纪占统治地位以后，神创论就成为神圣不可侵犯的教条。我国虽然没有像西方这样占压倒性地位的宗教势力来宣扬神创论，但是也有类似的各种神创论思想广泛流行。

生物的起源本是不容易捉摸的问题，原始人出于种种猜想，把它推到不可知的力量——神那里，由此产生了种种神创论的神话。但进入了阶级社会后，统治阶级利用神创论，使之和宗教神学相结合，作为愚弄和麻痹被统治阶级的工具，这就成为一种反动的思想了。

但是无论在我国还是在西方，都有和神创论相对立的生物进化思想，它认为万物是变化的，一种生物是由他种生物演变而来的。这是一种进步的、带有朴素的辩证法和唯物主义的思想。

我国战国时期的著名学者庄周（约公元前369～公元前286年）说过："青宁生程❶，程生马，马生人。"庄周的这种论述虽然很粗浅，甚至有些神秘，但是它多少已经表达出生物可变的观点。

和庄周同时代的著名思想家荀况（约公元前313～公元前238年）在他的著作《天论》里提出自然界包括生物在内的一切

---

❶ "青宁"据说是竹根虫；"程"一说是豹，一说是貘。

事物各自得到相适应的自然条件而产生和成长的观点。他说："列星随旋，日月递照，四时代御，阴阳大化，风雨博施，万物各得其和以生，各得其养以成。"他的学生韩非（约公元前280～公元前233年）发展了这种思想，主张万物是由"道"产生的。他说："道者，万物之始。"韩非的"道"不是虚无的道，而是指自然界本身和自然规律，像他所说的那样："道者万物之所以成也。"这就是说，万物（包括生物在内）的产生都是可以从事物本身得到说明的。这是一种朴素的生物进化观。

西汉的政论家、文学家贾谊（公元前220～公元前168年）也有生物进化的思想。在他看来，通过阴阳作用而产生的万物是在不断地变化着的。他说："且夫天地为炉兮，造化为工；阴阳为炭兮，万物为铜，合散消息兮，安有常则；千载万化兮，未始有极；忽然为人兮，何足控抟，化为异物兮，又何足患！"东汉的唯物主义哲学家王充（公元27～约97年）也有类似的思想，他说："天地合气，万物自生；犹夫妇合气，子自生矣。"他们都不相信万物是神创的，而主张万物的生灭都是按照自然的规律，永远在运动着、变化着。

这种生物进化的观点，在北宋科学家沈括（公元1031～1095年）等人对化石的认识上也反映出来。沈括在他晚年的著作《梦溪笔谈》里说道，从延安地层里挖掘出来的像竹笋样的石头是古代竹笋的化石。因此他提出，古代延安的气候可能比现在湿润，曾经盛产过竹子。他还说到在太行山发现的螺蚌壳是生活在海水里的螺蚌的壳变成的化石，由此他推测古代太行山以东的地区可能是浩瀚的海洋。

比沈括稍后的朱熹（公元1130～1200年）也有类似的见解，他说："尝见高山有螺蚌壳，或生石中。此石即旧日之土，螺蚌即水中之物，下者却变而为高，柔者变而为刚。此事思之至深，有可验者。"

在欧洲，对化石的正确认识要晚得多。到公元15世纪，文艺复兴时期杰出的意大利博物学家达·芬奇才把化石当作古代生物的遗体来认识。他认为化石是水底没有腐烂的蚌壳，由于泥沙的沉积被包藏在里头变硬而形成的。

认识到化石是古代生物的遗骸，并且把它同当时的气候、地质等条件联系起来，这对于生物进化思想的确立，是有很大作用的。

前面讲到古代对于遗传和变异的认识的时候，我们列举了我国古籍里提到栽培植物和饲养动物的变异性和品种培育的一些记载，这些都包含有生物进化的思想。我国古籍里类似的记载很多，说明我国古代劳动人民对于进化论虽然没有系统的论述，但是有明确的观点。

所以，近代生物学中完成科学进化论的19世纪英国生物学家达尔文，在他的《物种起源》和《动物和植物在家养下的变异》等著作里不仅大量利用了中国古籍资料，并且给予其很高的评价，说他在一部"古代的中国百科全书"里找到了他的学说得以建立的历史渊源。

在西方，在古希腊，有关生物进化思想的萌芽也很早。许多哲学家，像泰勒斯（Tales，约公元前624~公元前547年）、阿那克西曼德（Anaximander，约公元前610~公元前546年）、恩培多克勒（Empedocles，公元前490~公元前430年）等都有生物进化的观念。如泰勒斯设想万物都是从水产生出来的，认为水是万物的始基。又如阿那克西曼德深信生物是在太阳光的作用下从水元素产生出来的，而高级动物是从低级动物发展起来的。他说："生物是从太阳蒸发的湿元素产生的。人开始和另一种动物鱼一样。"

亚里士多德根据当时的知识，曾经把整个生物界排列成一个连续的逐级上升的阶梯。在亚里士多德的阶梯中，最低级的是非生物体，其后依次是植物、植虫（珊瑚、海葵）、下等动物、高等动物（呼吸空气的动物），最后是人类。在这些梯级之间还有很多中间类型的生物，使阶梯层次成为不易觉察的连续无间的链条。例如，他把蝙蝠和鸵鸟看作是鸟类和四足类之间的中间形态，而海豹是水生动物和陆生动物的中间类型，等等。虽然在亚里士多德看来，生物不是自然历史的产物而是事先既定目的的实现，但是他的生物阶梯观却在客观上反映了生物界进化发展的图景。

承认物种的变化，必然会引导到最初的生命是从哪里来的问题。

关于生命的起源，除了神创的观点外，许多古人都认为是自然发生的。我国古代就有"腐肉生蛆""枯草化萤"的说法。在印度的经典里也有从汗液和粪便中产生出各种寄生物和苍蝇等的记载。这些说法，在今天看来当然是幼稚可笑的。但是在科学不发达的古代，能够提出生命是物质自然变化过程的产物这一观点，还是可取的，属于朴素唯物主义的性质。

古希腊哲学家德谟克利特（Democritus，约公元前460～公元前370年）还从早期原子论的观点，阐述生命的自然发生。他认为万物是由无数处在永恒运动和被空间分隔开的最小物质粒子（原子）组成的。在德谟克利特看来，生命起源于水或淤泥里，是原子在它们的机械运动中偶然结合的结果，是湿土的最细小的粒子和火的原子相遇结合而成。

亚里士多德也持有生命自然发生的观点。他在讲到生物的繁殖方式的时候，认为生物除了可以由自己的同类生出以外，在一种精神因子（他把这种精神因子叫"隐德来希"，是希腊语

Entelechies的音译，意为实现了的目的，以及将潜能变为现实的能动本源）的作用下，也常常由非生物（腐烂的物质或者排泄物）产生出来。

古代的生物进化思想都是十分朴素的，在今天看来，许多观点还是幼稚可笑的。但是它们的可贵之处在于，认为生物是有发生和发展的历史的，物种不是一成不变的，有的更进一步阐述了这些变化是合乎自然规律的。

这些朴素的生物进化思想虽然也有某些直观的自然现象作为根据，但更多的是属于思辨的性质，许多都属于自然哲学的范畴。不过它们的基本观点还是唯物的、辩证的。

● 古代生物学的发展是比较缓慢的

如果说原始人的生物学延续了二三百万年，那么从有文字以来的古代生物学延续的时间还不到一万年，并不算长。如果说原始人的生物学水平十分低下，那么从有文字以来的古代生物学的水平比原始人的生物学已经高出了不知多少倍。我们前面所讲的古代生物学的几个方面，也只是一个大概的轮廓罢了。

但总的来说，古代生物学的发展还是比较缓慢的。由于生命运动的复杂性，在整个科学技术还不发达的奴隶社会和封建社会，生物学的研究手段常常受到许多历史条件的限制。所以长期以来，生物学基本上停滞在观察、描述的阶段。从历史观点来看，这很自然，因为"我们只能在我们时代的条件下进行认识，而且这些条件达到什么程度，我们便认识到什么程度"❶。

古代生物学的发展缓慢，从根本上来说，和整个社会的发展

---

❶ 恩格斯. 自然辩证法 [M]. 北京：人民出版社，1971：219.

有关。我国古代的一个显著特点是长期停滞在封建社会里，虽然也曾有过灿烂的文化，但是缺乏产生近代自然科学的条件。在西方，中世纪基督教的黑暗统治更阻滞了近代自然科学的产生。诚如恩格斯在《自然辩证法·导言》里所说："基督教的中世纪什么也没留下。"❶

但是到了 15 世纪下半叶，西方终于迎来了一个新的时期——文艺复兴时期。在这个时期，新的资产阶级从旧的封建社会里产生和发展起来。新的生产方式的产生和发展为科学发展创造了条件，新的生产方式的发展需要也推动了科学的发展，终于产生了近代自然科学，其中包括近代的生物学。

下一章，我们将从文艺复兴时期谈到近代生物学的诞生。

---

❶ 恩格斯. 自然辩证法 [M]. 北京：人民出版社，1971：9.

第三章

襁褓中的近代生物学

● 近代生物学从文艺复兴时期算起

恩格斯在《自然辩证法·导言》里说，近代自然科学❶同古代的天才的自然哲学的直觉相反，同过去的零散的发现相反，它完成了科学的、系统的和全面的发展。近代自然科学是从这样一个伟大的时代诞生出来，这个时代叫做文艺复兴。

文艺复兴时期是从 15 世纪下半叶开始的。在西欧，当时一些封建贵族统治的国家里兴起了市民阶层，这些国家里的国王的政权依靠市民打垮了封建贵族的权力，建立了巨大的、实质上以民族作为基础的君主国，而近代的欧洲国家和近代的资产阶级社会就在这种君主国里发展起来。

中世纪的教会的精神独裁被摧毁了。西欧出现了前所未见的

---

❶ 恩格斯的原文是"现代自然科学"，我们现在把它叫做"近代自然科学"，以区别于 20 世纪的"现代自然科学"。

文艺繁荣，好像是古希腊的古典文艺的反照。

由于地理大发现，世界扩大了。这为以后的世界贸易和个体手工业过渡到工场手工业奠定了基础，而工场手工业又是近代大工业的出发点。

恩格斯说："这是一次人类从来没有经历过的最伟大的、进步的变革，是一个需要巨人而且产生了巨人——在思维能力、热情和性格方面，在多才多艺和学识渊博方面的巨人的时代。"❶

近代自然科学，包括近代生物学，就是在这样一个伟大的时代中诞生的。

近代自然科学最初的主要工作是掌握手边现有的材料。这一时期一直延续到 18 世纪。

在这一时期里，一些最基本的自然科学，如力学、天文学（天体力学）、数学等，已经在某种程度上完成了。但是，自然科学的其他部门发展得还不够快，甚至离初步的完成还很远。

在生物学这一领域，当时人们主要还是搜集和初步整理大量的材料，不仅有植物学和动物学的，还有解剖学和生理学方面的材料。至于各种生命形式的相互比较，它们的地理分布和气候等生活条件的研究，几乎还谈不到。

到这一时期末，只有植物学和动物学由于瑞典博物学家林耐而达到了一种近似的完成，他创立了一种科学的生物分类方法和原则。

● 林耐的生物分类方法和原则

我国传统的生物分类方法，特别是李时珍《本草纲目》里

---

❶　恩格斯. 自然辩证法 [M]. 北京：人民出版社，1971：7.

的分类方法，虽然对全世界产生了一定的影响，但是就近代生物学来说，堪称经典的生物分类方法是在西欧产生的。

西方的古代分类方法是把生物按照某种标志分成互相对立的两类，例如，亚里士多德对动物的分类用血液的有无作为标志。此后，西欧的一些生物学家发展了这种分类方法。他们的杰出贡献就是找到某种可以区分动植物不同种类的、明显而有效的分类标志。

当时最杰出的意大利生物学家舍萨平尼（A. Cesalpino，1519～1603 年），在他的著作《论植物》中，不局限于说明一种植物的习性，而是详细地描述它的各个部分，特别注意它的传粉器官。他认为植物最重要的生命活动在于营养和繁殖，而营养是通过根吸收的，繁殖是通过果实来进行的。所以舍萨平尼把根和果实作为分类的主要标志。例如，他认为苔藓和菌类没有生殖器官，只有根，因此它们应该处在植物等级的最下层。很明显，舍萨平尼的分类方法是简单实用的，因为他所考虑的分类特征——根和果实，明显而有效地反映了植物类型之间的异同，可以作为植物分类的标志。

后来，英国植物学家格鲁（N. Grew，1641～1712 年）在1676 年，德国植物学家卡梅腊鲁斯（Camerarius，1665～1721年）在 1694 年，先后指出植物的雄蕊是雄性器官，雌蕊是雌性器官，使舍萨平尼根据生殖器官的分类方法应用得更加广泛了。

另外，英国植物学家约翰·雷（John Ray，1627～1705 年），在他的《植物史》著作中，描述了 19 000 种植物。按照他认为是合理的系统，先后对当时已经知道的上万种植物进行了分类。他根据植物种子含有一枚或两枚子叶，把被子植物分作两大类——单子叶植物和双子叶植物。子叶的多少这一明显的特征初看也许并不重要，但实际上这两种类型的植物在许多方面是很不相同的，因此用它来作为区别两类植物的一个标志是恰当的。这种标志用起来很方便，一看种子就能判断。所以这种分类方法非常有用，一直到今天还被采用。

此外，约翰·雷最早提出了关于生物学"物种"之本质的明确概念。他在《植物史》这部著作中断言："不同物种的形态始终保持它们的特殊本性，一个物种不会从另一个物种的种子里生长出来。"接着他又补充说："虽然这种物种统一性的标志是相当固定的，但它不是不可改变的，也不是一贯可靠的。"

博欣（Bauhin Kaspar，1560～1624年），是瑞士植物学家。他对植物学做出的重要贡献是：对各种各样植物作了详尽无遗的特征扼述；提出了双名命名制；清理了植物学家们所使用的同物异名现象。博欣的这些成就后来被林耐加以完善。

林耐（Carl von Linné，又名 Carolus Linnaeus，1707～1778年），出生在一个小牧师的家庭，早年奉父命学习神学。但他对神学没有什么兴趣，后改学医学，并且获得医学博士学位。不过，林耐一生的事业也不在医学上。

林耐主要从事动植物的分类工作。1735年，他出版了他的划时代著作《自然系统》。这部著作可以看做是地球上矿物、植物界和动物界的一部宏伟的百科全书。随后不久，他又出版了《植物学基础》《植物种志》《瑞典北部植物志》等著作。林耐搜集了大量动植物材料，在前人工作的基础上，创立了精确、严谨、方便、实用的动植物分类系统，奠定了科学的生物分类学的基础。

林耐确立了哪些生物分类的基本原则和方法呢？

首先，林耐采用了等级从属的分类单位。最高的分类等级是纲，其次是目、属、种。这样就确立了反映类别之间的从属关系和包含关系的等级序列的分类方法。例如，狮、虎、猫三个不同的种都属于同一个属叫猫属。猫属属于食肉目，食肉目属于哺乳动物纲。后来，随着分类学的发展，后人在林耐系统的基础上又增加了科和门的序列，成为门、纲、目、科、属、种的完整分类系统，并一直沿用到现在。

其次，林耐采用了双名命名制，也叫双名法，就是对每一种动植物的名称都用拉丁文把它的种名和属名写在一起来表示：属名在前，是一个名词；种名在后，是一个形容词。例如家猫叫Felis domeslica，Felis 就是猫属，domestica 是家养的意思。这种双名法使过去紊乱的动植物名称归于统一，从此全世界都用共同的语言、共同的表述方式来记载动植物的种类。

再次，林耐还采用给所有的动植物种和每一个分类部分都写上一个简短特征的方法，使人们对每一个动植物种的特征一目了然。

但是，林耐的分类系统也有不少缺点和不准确的地方。

首先，林耐的动植物分类系统是人为的，就是不问动植物彼此之间的亲缘关系，只用形态上或习性上的某些特点作为分类的依据，而这些特点往往是任意选定的。例如，林耐的植物分类系统根据花的雄蕊的数目和位置，把显花植物分成 23 纲，又把隐花植物总括成一纲。这样就把某些只有雄蕊数目相同而其他方面相差很远的植物分在同一纲里。在动物分类方面，林耐根据牙齿的特点来分类，这样就把某些由于食性相同形成同样牙齿特点而其他形态相差很远的动物归在同一个目里。这些都明显地暴露了林耐的人为分类系统的缺点。

其次，林耐的分类系统是从高等到低等排列的。例如，在他的动物分类系统中，是按哺乳类、鸟类、两栖类、鱼类、昆虫类和蠕虫类的次序排列的，这同自然界的真实秩序（从简单发展到复杂、从低等发展到高等）是相违背的。

　　尽管这样，林耐的分类系统，他所确定的分类方法和原则，仍然对生物学的发展起到了重大的建立基础的作用。如果没有林耐这种细致、完备而又简单明了的分类系统，日益繁多的动植物资料的搜集和整理工作就会变得混乱和困难。有了人为的分类系统，人们就可以对积累起来的动植物资料加以整理，按照一定的原则和标准把它们排列起来，进行分门别类的研究，比较它们的异同，找出它们之间的内在联系，这样就可以逐步过渡到自然系统——按物种亲缘关系而确定的系统，把动植物的本性揭示出来。林耐自己也曾经对自己的人为系统发表过意见，"人为系统只有在自然系统还没有发现之前用得着；人为系统只告诉我们辨认植物，自然系统却能把植物的本性告诉我们。"

　　但是，自然系统既然是以动植物的亲缘关系作为基础，这就和科学的生物进化思想的确立有密切关系。而林耐却是一个相信物种不变的神创论者，所以他无法完成创立自然系统的使命。

● 倡导实验方法的科学思想

　　近代自然科学不同于古代零散的发现，这和科学分类系统的采用有关。而近代自然科学的另一特点是不同于古代的天才的自然哲学的直觉，这在很大程度上和科学实验方法的采用有关。

　　用实验方法揭示自然规律，用实验去证明古代学者在直观认识基础上所提出来的许多有关自然现象的思辨原理，是自然科学发展本身的要求。因为凭直接观察很难得出明确的原则来说明事物的本质，所以人们要求在有控制的、人为的环境条件下进一步研究各种自然现象的真谛，以把握自然界的规律。

　　实验方法的倡导要追溯到文艺复兴以前。早在中世纪末期，英国学者罗吉尔·培根（R. Bacon，1214～1294年）就明确地表示过:"没有实验,任何东西都不能深知。"在他看来,真正的学者应当靠实验来弄懂自然科学、医学、炼金术和天上地下的一切事情。

但是在中世纪,科学只是教会恭顺的婢女,它不得超越宗教信仰所规定的界限。因此,科学实验实际上也没有多大的用武之地。

直到文艺复兴时期,这一科学思想才得以发扬。文艺复兴时期的巨人之一达·芬奇(Leonardo da Vinci,1452~1519年)在说到一般科学方法的时候指出,实验是一切自然现象研究工作所必须遵循的方法。他说:"我们必须在各种情况和环境下向经验请教,直到我们能从这许多事例中引申出它们所包含的普遍规律。"达·芬奇本人也正是通过解剖和实验,揭示了支配人类运动甚至是支配人类生命的机制。他以一个艺术家的身份开始研究解剖,为了艺术,也为了科学,他解剖过马、牛、羊等动物,以及30具人的尸体,做了许多关于肌肉及肌肉群的模型和心脏活瓣模型,并对马和人的四肢及运动进行了比较,把解剖学的知识熟练地应用于艺术上。

这种尊重实践、信奉科学实验的思想,在英国哲学家弗兰西斯·培根(F. Bacon,1561~1626年)那里得到了进一步的发展。他接受罗吉尔·培根的思想,认为只有根据实验获得的知识才是可靠的,并且预见到实验方法的运用将会产生许多伟大的技术发明,而这一系列的发明"将在一定程度上征服人类所感到的贫乏和痛苦",并进而了解自然和控制自然。培根的科学思想很有代表性,对当时的科学界产生过很大的影响。

倡导实验方法的科学思想不仅有助于思辨原理的阐明,而且也促使人们从宗教神学教条的束缚下解放出来,对近代自然科学的发展产生了不小的作用。从此,自然科学在各方面以比过去快得多的速度发展起来。

到 18 世纪，物理学（特别是机械力学）已经得到相当程度的发展，化学（特别是气体化学）也有了相当的进步。这些自然科学的成就大大推动了生物学的研究，因此，出现了实验生物学的先驱，并且有许多新的发现。

下面几节，我们就分头来谈谈生物学在这一时期里应用实验方法所取得的一些主要成就。

● 人体解剖学的改造

文艺复兴时期在生物学上的发展，一个重要的方面是改造人体解剖学。正是在倡导实验方法的科学思想指导下，人体解剖学的研究冲破了古代盖仑著作的束缚，而且不顾当时教会不准解剖人的尸体的禁令，从实地的人体解剖中获得了许多重要知识。

著名学者、艺术家达·芬奇就由于绘画的需要，解剖过大量的尸体，获得了丰富的人体解剖材料，他还提出要尽可能研究人体结构上的变异。

对人体解剖学的改造贡献最大的，是公元 16 世纪的比利时医生维萨里（Andreas Vesalius，1514～1564 年）。他是近代解剖学的创始人。

维萨里在 1514 年生于比利时布鲁塞尔一个医生家庭。他是一个成熟的艺术家、人文主义者和博物学家。作为革新者，维萨里强调要重新观察人体，不依赖于盖仑的结论。因此，他不顾教会的禁令毅然提出："我要从人体本身的解剖来阐明人体的构造。"他勇敢地向权威盖仑挑战，说："难道为了纪念一位伟大的活动家，就必须重复他的错误吗？决不可以自己不亲身观察，坐在讲坛上重复书本里的内容，像鹦鹉那样。"

维萨里在求学期间就表现出，他要以亲身的观察来获得解剖学知识的决心。他经常在深夜到郊外无主墓地或刑场去盗取残骨或尸体。这种做法被人发现以后，他不得不离开祖国。

后来，他到意大利的帕多瓦任教。他仍然坚持进行解剖实验，因此积累了丰富、翔实的实践知识。他在讲课的时候能广泛地采用图画、骨架和实体标本来指出关节、肌肉和其他器官的轮廓，对正确传授解剖学知识起到了重要作用。

在亲身实践的基础上，维萨里于 1543 年发表了《人体的构造》一书。全书共分 7 卷：第一卷是骨骼系统，第二卷是肌肉系统，第三卷是血液系统，第四卷是神经系统，第五卷是消化系统，第六卷是内脏，第七卷是脑和感觉器官。这部著作第一次比较全面、系统地揭示出人体内部的真实构造。在书里，他创用了胼胝体、鼻后孔、砧骨等许多解剖学名词，揭开了人体认识史的新篇章。

维萨里著作的最大特点是以系统的尸体解剖作为根据，用实地解剖所获得的无可辩驳的大量事实纠正了盖仑的 200 多处错误。比如，盖仑说人的股骨像狗那样是弯的，维萨里却用人体解剖的事实指出人的股骨是直的。他说："我在这里并不是无故挑剔盖仑的缺点，相反地，我肯定盖仑是古代一位大解剖家，解剖过很多动物，限于条件，就是没有解剖过人体，以致造成许多错误。"

维萨里还用实验材料驳斥了《圣经》上关于上帝造人的谬论。按照《圣经》的说法，人是上帝在创造世界的最后一天（第六天）造出来的。上帝先造了男人亚当，然后用他的一根肋骨再造出女人夏娃。这样，按照《圣经》的教义，男人的肋骨应该比女人少一根。可是人体解剖的结果却证明男人和女人的肋骨都是 24 根，而且左右数目相等。

　　维萨里不仅是一位杰出的解剖学家，还是一位艺术家。他书里的许多附图都是他亲自绘制的。他绘制的骨骼图，每一根骨头都使人感到具有生命力；而肌肉图更富有生气，图上的肌肉全然不像实验标本的样子，而像正在活动中的活体的一部分。我们在他的静态描述中可以看到动态的形象，这是维萨里的书十分突出的一点。

　　文艺复兴时期冲破了中世纪宗教神学的精神束缚，但这付出了很大的代价，经过了一系列残酷的斗争。维萨里以大无畏的精神违反当时教会的禁令，向当时的权威和教条挑战，但是他本人的结局是十分悲惨的。

　　维萨里的《人体的构造》一书出版后，一些守旧的"权威"十分震怒。他们咒骂维萨里是疯子，攻击他渎神。当时教会势力很大，他被迫前往"圣地"耶路撒冷朝圣赎罪，在旅途中船只失事，维萨里就这样不明不白地死去。

　　维萨里虽然被教会迫害死去，但他一生的光辉业绩——他的著作《人体的构造》，却是教会抹杀不了的。在科学史上，人们把出版《人体的构造》的那一年——1543年，看做是近代人体解剖学的诞生年。正像哥白尼（Nicolaus copernicus，1473～1543年）在同一年出版的《天体运行论》一书为天文学开创新纪元一样，人们也把维萨里的《人体的构造》一书的出版看做是生物学发展史上的划时代事件。

● 血液循环的发现

　　继维萨里之后，在人体解剖学方面，意大利的解剖学家法布里修斯（G. Fabricius，1537～1619年）和西班牙医生塞尔维特（M. Servetus，1511～1553年）等都有许多新的发现，并且逐步从解剖学的观察转到研究机体的生理活动上来。心脏和血液流动的问题引起了许多人的注意。

维萨里在他的《人体的构造》一书里注意到，心室的中隔质体坚实，血液是无法通过的，因此盖仑说血液由右心室通过中隔流入左心室的说法是错误的。但是，他并没有说明血液是怎样从静脉流入动脉的。

法布里修斯在静脉结构的研究工作中，注意到了瓣膜的位置和它的功能。他发现瓣膜经常分布在比较大的静脉里，它像是扇闸门，可以使血液自由通过流向心脏，却能阻止血液的逆流。瓣膜的这种功能和当时流行的盖仑关于血液流动有来潮和退潮的说法是相矛盾的。

塞尔维特还仔细研究了血液通过肺脏的情况，明确发表了和当时流行的盖仑学说不同的意见。他在《基督教复兴》一书里批判了盖仑的血液运行的观念，认为血液从右心室流入左心室不是经过中隔上的孔，而是经过肺脏作漫长而奇妙的迂回。他第一次提出了这样的看法：血液从右心室经过肺动脉支管，又经过在肺组织里和它相连接的肺静脉支管，再流入左心房。这是右心室的静脉血通过肺脏转变成新鲜的动脉血再回到左心房的一个血液循环的路径，这个循环是通过肺完成的，因此叫做肺循环。塞尔维特还预言有看不见的微血管和极纤细的肺动脉、肺静脉的一些分枝相连接。

特别要提到的是，在论述血液循环观念的时候，塞尔维特抛弃了当时盛行的关于"圣父、圣子、圣灵三位一体"的教义，否认人体里存在三种灵气的说法，认为血液里只有一种灵气，这就是人的灵魂。他说，"灵魂本身就是血液。"即灵魂是会随同肉体死亡的。今天看来，灵魂的说法也是不科学的，但这在当时已是"离经叛道"了。

塞尔维特的发现触犯了当时被教会封作权威的盖仑著作，亵渎了"三位一体"的教义，被看成是异端邪说。于是他在1553年被宗教法庭判处火刑，被活活烧死。恩格斯讲到加尔文派新教徒在迫害自然科学的自由研究上超过天主教徒的时候说："塞尔维特正要发现血液循环过程的时候，加尔文便烧死了他，而且还活活地把他烤了两个钟头；而宗教裁判所只是把乔尔丹诺·布鲁诺简单地烧死便心满意足了。"❶

但教会的迫害阻止不了科学的进步。17世纪初期，发现血液循环的工作终于由英国医生哈维（Willian Harvey，1578～1657年）完成了。哈维在1578年生于英国南岸福克斯通一个自耕农的家庭。他从小就对生物的活动方式充满着好奇心，玩过从屠宰场弄来的动物心脏。后来，他在帕多瓦大学学习医学。1602年，他回到英国行医，很快成了一个杰出而富有的医生。哈维在前人研究的基础上，通过自己的科学实验，明确提出血液在人体里通过心脏而循环运行的见解。

哈维是怎样发现血液循环的呢？

首先，他用计算血液量的办法，推断出血液必定是循环不息的。他估计左心室的容量大约是二盎司，以心跳每分钟72次计算，一小时压出的血液应该是8 640盎司，合540磅，相当于人体重的三四倍。这样，心脏输入主动脉的血液量比可能从食物形成的血液量要多得多。因此，他得出血液在体内循环不息的结论。

然后，哈维又用结扎血管的实验，确定了血液流动的方向。他用带子结扎动脉管，发现结扎处靠近心脏一端的动脉膨胀起来；相反，远离心脏一端的动脉却瘪下去。这说明动脉里的血液

---

❶ 恩格斯. 自然辩证法［M］. 北京：人民出版社，1971：8.

确实是从心脏里流来的，是从心脏向体周输送出去的。哈维用同样的方法结扎静脉，结果正好相反，可见静脉是向着心脏运送血液的。哈维把这一发现同瓣膜的功能联系起来考虑，就得出了血液是从心脏经过动脉流到静脉再回到心脏这样一个循环运行的路径。这个循环叫体循环。

为了了解心脏究竟是怎样运动的，哈维曾经解剖了近几十种不同类型的动物进行比较观察。根据反复的活体解剖，他详细地分析了心脏各部分活动的顺序和血液在心脏里运行的途径。哈维发现各种动物心脏的跳动像一个水泵。它收缩的时候就把血液压出来，进入动脉，它放松的时候，心脏就又灌满了血液。这样，哈维成为第一个把血液的运动归之于心脏的机械作用的人。

把哈维的发现和塞尔维特的发现联系起来，就可以对血液循环做出一个完整的描述：血液从左心室流出，经过主动脉遍布全身，然后由腔静脉流入右心室，经肺循环再回到左心室。正像哈维在1628年发表的《动物心血运动的解剖研究》一书里所说的那样："血液靠心室的收缩，经肺进入心脏，从心室又被送到全身，进入动脉和组织孔，再沿着静脉，起初是小静脉，以后是大静脉，从末梢又回到中央，最后，经过腔静脉进入右心房。这样一来，大量的血液从中央沿动脉流到末梢，又从末梢沿静脉流向中央。这血液量远比食物可能产生的要多，同时也比营养所需要的多。因此，必须得出这样的结论：在动物体里血液是在循环不息地流动着。"

哈维的发现是破旧立新的创举，需要有很大的勇气才能做到。哈维曾经这样说，由于这次发现想到"我将因此和全社会为敌，不免不寒而栗"。但是哈维出于"对真理的热爱以及文明人类所固有的坦率"，最后还是把他的发现公布于世了。

哈维的这个重要发现不是靠思辨，也不是靠先验的推理，而是靠一系列的实验,并且他独特地把实验和定量方法应用于医学研究。因此它很有说服力地纠正了盖仑关于血液循环的错误论断,确立了现在大家公认的科学的血液循环观念。

从此之后,生理学就不再是靠思辨的推断,而是用确实的实验作为依据了。所以,恩格斯评价说:"哈维由于发现了血液循环而把生理学(人体生理学和动物生理学)确立为科学。"❶

在建立血液循环观念的时候,最大的困难是动脉和静脉之间怎样联系的问题。哈维依据实验做出的科学推断,正确解决了这个问题。当时他虽然没有观察到联系动脉和静脉的微血管,却预言在动脉和静脉之间有极细小的血管分支,并且用"组织孔"这个词来描述这种东西。

哈维的这个科学预见是在 30 多年之后被证实的。1661 年,意大利解剖学家马尔比基(M. Malpighi,1628～1694 年)利用显微镜看到了青蛙肺里连接静脉和动脉的微血管。他说:"因此,感官明白告诉我们,血在弯弯曲曲的管里流动,不是倾注在空间,而是装在小管子里,血液所以能分散在周身,是由于血管多重弯曲的缘故。"

1688 年,荷兰生物学家列文虎克(Anthony van Leeuwenhoek,1632～1723 年)又在显微镜下看到了蝌蚪尾巴和青蛙脚上的血液通过微血管的实际循环过程,说它"像小河流般循环流往各处"。

由此可见,从获得的科学事实中做出合乎逻辑的推断,提出合理的假设,是科学发展的一条重要途径。恩格斯说过:"只要自然科学在思维着,它的发展形式就是假说。"❷

从前面的叙述,我们可以看到生理学的进展总要比解剖学

---

❶ 恩格斯. 自然辩证法 [M]. 北京:人民出版社,1971:163.
❷ 同上书,第218页。

慢。因为生理学需要化学和物理学的知识、想象和推理的能力；而解剖学研究只要用肉眼、借助于一些简单的工具、作直接的观察和分类就可以了。生理学的进展有赖于其他科学的发展以及实验和分析的广泛应用。所以，虽然亚里士多德、盖仑和维萨里对结构与功能关系学科颇感兴趣，但是他们却没有能够把这方面的工作向前推进一步，使之远离"烹饪""发酵""灵气"等一些含混不清的概念。

此外，生理学之所以停滞不前，不仅是因为缺乏实验技术，而且还缺乏那种能够帮助（而不是阻碍）研究者的全面、系统的理论指导。17 世纪末，通过伽利略、开普勒和牛顿等人的工作，一种新的宇宙观已经稳固地建立起来。宇宙已被人们认为是一架巨大的为自然法则所制约的机器，而地球只不过是那些围绕着太阳旋转的行星中的一颗。使它们在天体轨道上运行的不是什么天使而是引力。于是在生物学研究方面，出现了以哈维为代表的"定量实验性"的研究方法。哈维以此方法发现血液循环成为当时生理学的代表人物，之后跟随哈维对生命现象的机械论解释颇为流行。

但是，对于消化和代谢、肌肉和神经活动等的论述仅有机械力学的解释是不够的，尚需要有化学和电学的知识。这些方面的研究曾一度遇到"瓶颈"，不过在哈维逝世前不久出现了第一位现代化学家——波义耳，他接过了生理学研究的火炬。从此，生命现象的化学研究蓬勃地发展起来。

● 动物生理学方面的进展

在 17 世纪和 18 世纪，人体生理学和动物生理学方面还有一些重要的进展。

如果说哈维是用物理学（机械力学）的知识来解释血液循环的动力，那么人体生理学和动物生理学方面的另外一些进展则是和化学的发展相联系的，它们是化学知识应用在生理学上的结果。

15世纪后半期，化学从原始形式——炼金术进入到一个新的时期——制药时期，这一时期延续到17世纪。

制药时期的代表人物是瑞士医生、化学家菲利普斯·德奥弗拉斯特·博姆巴斯茨·冯·霍亨海姆·巴拉塞尔苏斯（Philippus Aureolus Theophrastus Bombastus von Hohenheim Paracelsus，1493～1541年）。这个名字很长，但人们习惯上把他的名字叫做巴拉塞尔苏斯。他早年就读于巴塞尔大学，但很快就对大学中经院式的教学感到厌烦，而宁愿去学习炼金术。为了探寻炼金术的学问，巴拉塞尔苏斯走遍了德国、西班牙、法国等地。在旅行中，他访问了大学、女巫、医生、理发师等，学到了许多有益的东西，1526年回到瑞士行医。

巴拉塞尔苏斯首先摆脱了炼金术的神秘目的——把贱金属变成贵金属，而径直走上科学研究和制造药剂的道路。

巴拉塞尔苏斯反对古代关于疾病的"四体液"学说，主张医学科学必须建立在经验和观察的基础之上。他认为人体本质上是一个化学系统，任何生理过程基本上都是化学变化。这种变化是由"生基"（Archeus），即身体内部的炼金士来控制的。疾病是由于"生基"发生了机能错误，而死亡则是由于失去了全部"生基"。在巴拉塞尔苏斯看来，人体的生活功能就是一个化学过程，因此他积极提倡把化学应用到医学上来。在医学实践中，他认为不同的疾病各有其特殊的原因，因此应该用特殊的药物来治疗。他曾经采用汞剂来治疗梅毒，等等。

虽然，巴拉塞尔苏斯的许多观念是建立在炼金术的基础之上，但它们充满想象力和富有远见的特点仍然给人们以深刻的印象，对于发展科学的药物学和把生理学作为化学过程来研究是很有启迪的。

德国的著名医生西尔维斯（F. Sylvies，1614～1672 年）试图进一步用化学来解释动物的活动。他认为生命现象可以从化学的观点来解释，一切生命活动都可以用酸和碱或酵素的作用来表述。在他看来，生理的发酵和把酸倾注在铁屑上所发生的沸腾现象是同类的。按照这样的观点，他把消化和呼吸都解释成纯化学过程，并且用胃液、唾液等做试验，增进了人们对消化过程的了解。

这样，以巴拉塞尔苏斯和西尔维斯为代表，形成了一个倡导用化学观点解释生命活动的学派——医化学派。它和以哈维等为代表的用物理观点解释生命活动的医理学派相并立，共同促进了对生命现象作物理、化学解释的尝试。

在人体生理学和动物生理学方面的一个重大发展，是 18 世纪 80 年代对动物呼吸本质的阐明。

早在 17 世纪，英国科学家波义耳（K. Boyle，1627～1691 年）和医生洛厄（R. Lower，1631～1691 年）等人就从动物在真空里会死去这一现象，判明空气里含有一种叫"硝气精"的活跃成分，它同动物的呼吸和物质的燃烧都有关系。1674 年，英国化学家马约（J. Mayow，1643～1629 年）把这方面的研究成果加以总结，阐明呼吸和燃烧同"硝气精"的关系。他说，空气里含的"硝气精"在动物呼吸的时候进入血液，跟血里的盐硫质点结合起来而使血液发热，类似燃烧的作用。这些工作都是发现氧气的前奏，但在很长的一段时间里它们被埋没了。直到 18 世纪 70 年代，瑞典化学家舍勒（C. Sheeler，1742～1786 年）和英国化学家普利斯特里（J. Priestley，1739～1804 年）在研究气体化学的时候，才相继发现了氧。

1778 年，法国化学家拉瓦锡（A. L. Lavaisier，1743～1794年）正式在空气里分离出纯粹的氧，并且证明呼吸归根到底就是机体里有机化合物被空气里的氧所氧化的作用。如果把动物放在密闭的容器里，呼吸的结果就会使容器里二氧化碳的含量增加、氧的含量减少，正如同把煤放在容器里燃烧一样。

随后，拉瓦锡和法国学者拉普拉斯（P. S. Laplace，1749～1827 年）一起测量了动物呼吸时所释放的热量：把一只小动物（如豚鼠）和一块已经知道重量的冰同时放进箱子里。经过一段时间后，测定融化掉的冰的分量，和箱子里所增加的二氧化碳的含量。从融化掉的冰的分量就可以大致算出这只动物呼吸所产生的热量。他们发现动物呼吸和煤燃烧的时候，如果两者排出的二氧化碳的量相等，那么它们所释放出来的热量也近乎相等。这样，他们从热力学角度用实验证明了，动物呼吸和炭的燃烧基本上是相同的作用，由此他们进一步提出呼吸是缓慢地燃烧这一论断。

拉瓦锡和拉普拉斯的这一实验是研究动物和人体能量代谢的一次经典性工作。后来，许多学者在这方面又做了许多工作，阐明动物呼吸的时候二氧化碳的排出量和氧的消耗量有一定的比，并且证实动物和人每天排出的二氧化碳的量大体上是恒定的，跟动物和人的活动量有关。这样，就有可能用测定释放的热量或者测定气体代谢的方法来定量地评价机体里化学变化的情况，为基础代谢的测定奠定了基础。

哈勒（Albrecht von Haller，1707～1772 年）也是 18 世纪著名的生理学家。百科全书式的《生理学基础》一书，是他对生理学所做出的许多贡献之一。

哈勒的研究涉及各种器官和器官系统的形态和功能。最为人们所知的是他对肌肉应激性和神经感受性所做的重要研究。他用实验证实了在有机体器官中，有些部分是可兴奋的，其他一些部分则是不易兴奋的，尤其是神经，它的感受性高于其他所有部分，但它不具有任何收缩能力；而应激性是肌纤维特有的性质。实验证明，只有神经才是引起感觉的工具，所以有机体上只有那些有神经分布的部分才能体验到感觉。神经的另外一个作用是在肌肉这一唯一的运动工具中诱发出收缩的力量。而收缩力是肌肉的固有力或自身的力。

"应激性"这个概念是由英国医学家格里森（Francis Glisson，1597～1677年）首先提出的。他在研究肝脏时，观察到胆汁不是连续地而是仅仅在需要时才释放到肠内；当胆囊和胆道被刺激时能释放出更多的胆汁。这种现象的产生是因为它们有应激的能力。

格里森用"应激性"这个术语去描述一个很大范围内的各种现象，但是，哈勒却把这一概念限制为有外部刺激时肌肉发生收缩的那种特性。其他学者则把应激性概念扩展到指生物体内的任何一种变化。这反映了学者们对应激性一词的不同理解。

● 植物生理学方面的进展

16世纪到18世纪，不仅人体和动物生理学被确立为科学，有很重要的进展，植物生理学方面进展也是不小的。

正如动物生理学方面的进展和化学的发展有关，植物生理学方面的进展也和化学的发展分不开，主要表现在对植物营养过程做出了化学概括。

早在16、17世纪，就陆续出现了对植物生理现象的研究，并且取得了一些有价值的成果。

比利时化学家、医生赫尔孟特（J. B. van Helmont，1577～1644年）有一个著名的"柳树实验"，阐明水是生成植物的真正元素。他在一只装有200磅泥土的盆里，种了一根5磅重的柳树枝，并且不断给它浇水。5年以后，这根柳枝长成一棵169磅重的柳树，而盆里的泥土重量没有什么变化。因此，赫尔孟特得出结论，既然盆里只加进了水，那么柳枝重量的增加必定是由于吸收了水分造成的，这说明水分是植物必需的营养物质。

后来，波义耳重复了赫尔孟特的实验，不过他用的不是柳枝而是一种南瓜，它生长得比柳树还快。波义耳发现不只是水，空气里的漂浮物质也参与了南瓜的组成。但这种漂浮物质是什么，当时是不知道的。

上一节讲动物呼吸的本质时，提到过英国化学家马约。他用实验证明，动物的呼吸或者蜡烛的燃烧可以使空气"变坏"。

1771年，发现氧气的普利斯特里发现，因动物的呼吸或蜡烛的燃烧而污染的空气，可以利用生长中的植物如薄荷、菠菜等恢复新鲜。他做了一个实验：把一只老鼠放在一个密闭的玻璃罩里，它很快就死了；如果同时把一株薄荷放在里面，老鼠就可以活得长久些。于是他得出结论："这么多动物的呼吸使空气不断受到污染……至少一部分为植物的创造所弥补。"

普利斯特里的实验说明，植物有净化空气的作用，是因为它能从空气里吸收某种物质。

可是，有人重复普利斯特里的实验，却得到了相反的结果——植物也能使空气变坏。这是什么原因呢？

1773年，荷兰医生英根豪茨（J. Ingen Housz，1730～1799年）回答了这个问题。1779年，他在《植物实验：发现植物在阳光下净化空气的巨大能力以及夜间和阴天对这种能力的破坏》这部著作中，用实验证明，绿色植物有使坏空气解毒的能力，是因为它能够逆转呼吸作用过程，因而使富含二氧化碳而缺氧的空气能重新助燃和供呼吸使用。但是他指出，绿色植物的这种能力"并不是由于植物的生长，而是由于照射植物的太阳光的影响"。

同时他发现，植物这种净化空气的作用是在植物的绿色叶片和枝条上进行的。这些植物的绿色部分在阳光的照射下，不断放出氧气使空气变好；相反，在黑暗中或夜间，植物就和动物一样由于呼吸作用而使空气变坏。

这样，英根豪茨这一堪称经典性的工作，肯定了可见光在植物净化空气工作中的作用，完美地解释了植物为什么能解毒又能使空气变坏的原因。

18 世纪末，许多学者对植物和改善空气之间的关系这一问题作了进一步的探索，相继发现参与这一过程的是二氧化碳和水。

后来，英根豪茨把人们对植物和阳光、空气、水分的关系的一系列研究成果概括成一个化学反应式：

$$CO_2 + H_2O \xrightarrow[\text{绿色植物}]{\text{光}} (CH_2O) + O_2$$

这样的化学概括，不仅是对生命现象的物理、化学解释的又一重要成果，而且在生物学的研究中也是经典性的工作。这个反应式用化学的语言表明：植物的绿色部分在阳光照射下吸收二氧化碳和水，合成碳水化合物或糖类，并且释放出氧气。显然，这是一个典型的化学过程，但同时又是纯粹的生命现象。由此可见，生命现象和化学过程之间没有什么绝对分明的界限。植物的营养过程可以用化学语言来概括，用化学反应式来表述，证明生命现象和非生命现象是统一的。

● 显微镜下的早期生物学研究

前几节讲人体解剖学、动物生理学和植物生理学在这一时期的进展，有一个共同的特点，就是实验方法起了很大的作用。

在讲血液循环的发现时，我们提到过显微镜。显微镜的发明使生物学实验有了有效的工具，对生物学的发展起了十分重大的作用，影响是十分深远的。

显微镜是谁发明的，说法不一。一说是在 16 世纪末，由荷兰光学家詹森（Z. Jansen，1580～1638 年）发明的。经过意大利物理学家伽利略（G. Galilei，1564～1642 年）和荷兰物理学家惠更斯（C. Huygens，1629～1695 年）等人的改进，到 1650 年左右，显微镜已经成为很有用的科学仪器，使人们能够观察到动植物有机体的显微结构。

在这里，我们主要介绍 17 和 18 世纪，在显微镜下开展生物学研究的早期开拓者——列文虎克、马尔比基、胡克、施旺墨丹和格鲁。

列文虎克（Antony van Leeuwenhoek，1632～1723 年），是 17 世纪最伟大的业余科学家和显微镜制造者。他没有受过任何正规训练，完全是一个自学成才的科学家。列文虎克既聪明又耐心，心灵手巧，兴趣广泛。他曾经制成了非常小巧的短焦距双凸透镜，并利用它制成了简单的显微镜。列文虎克没有确定的科学计划，晶体、矿物、动物、植物、牙垢等都被他在显微镜下检查过。在他那漫长而充满活力的生涯中，对微生物和血液循环的研究最为出色。他不仅极其严格地证明了毛细血管连接着的动脉和静脉，还细心地注意到毛细血管内的血液循环依赖于心搏。

马尔比基（Marcello Malpighi，1628～1694 年）是胚胎学、植物解剖学和比较解剖学的先驱。他最重要的研究包括：血液循环和毛细血管；肺和肾的细微结构；植物显微解剖学；蚕从卵到蛹演化中的结构和生活史。他在研究青蛙的血液循环时发现：血液并不是从它自己的管道中漏出来进入空隙中的，而是通过我们称之为毛细血管的极其细微的管子从动脉进入静脉；当心脏不停地搏动时，实际上能看到血液从毛细血管中流过。

英国物理学家罗伯特·胡克（R. Hooke，1635～1703 年），于 1665 年，在他的《显微图谱》一书中，使用了"细胞"和细胞结构的图解。胡克用显微镜观察软木的切片，发现它有蜂巢样的构造。在显微镜下，他能非常清楚地看到软木薄片的全部多孔构造，很像蜂巢，只是它的孔不规则，但是它和蜂巢一样只有很少的固体物质，孔壁和孔的大小相比极薄，而这些孔并不很深，是由许多小室组成的。胡克把这种构造叫做"小室"，后来这成为生物学上的一个专用名词，我国把它译作"细胞"。

施旺麦丹（Jan Swanmmerdan，1637～1680 年），是 17 世纪第一位真正的昆虫学家和杰出的比较解剖学家。按照他在显微镜中所见，昆虫实际上并没有经历任何真正的变态，而只是从早已存在的微小部分长大而已。即使是简单的生物，放在显微镜下观察也是极其丰富多彩的，其复杂程度令人吃惊。但是，这些生物不是从泥土或黏液中自发产生的，它们只能来自同它们相同的亲体。

格鲁（Nehemiah Grew，1628～1712 年），早年在莱顿大学学习医学，后来在一个小城内开业行医，但他大部分的时间却用在植物解剖上。他发表过 100 多份植物的显微镜描绘图谱。他看到植物新生部位的细胞多汁、壁薄，细胞与细胞互相紧贴。格鲁把这些鲜嫩部分称为柔软组织，是一种极为巧妙地组织起来的结构。后来，普金奇（Johannes Evangelista Purkinje，1787～1869 年）把细胞内的汁液部分叫做原生质。

1682 年，格鲁出版了《植物解剖初探》。他在植物解剖研究中，注意到植物的大蕊和小蕊有时在不同的花上，有时则在同一朵花上。这暗示着有些花如同蜗牛那样是雌雄同体的。格鲁的工作，有助于后来卡梅腊鲁斯（R. Camerarius，1665～1721 年）发现植物的性过程。

法国解剖学家比夏（X. Bichat，1771～1802 年），是一位杰出的科学家。据说，他一年中至少要解剖 600 具尸体，细心研究不同器官的构造，试图从各个器官来了解整个有机体，而这些器官又能被分解和分析成组成它们的"原始结构"（即组织）来研究有机体。比夏首次用"组织"（tissue）这个词来称呼那些有机体的结构组分，并把有机体分解成 21 种组织（神经、黏液、脉管等），然后又把这些组织重新结合起来组成器官，再由器官形成更复杂的系统。比夏把"组织"理解成为有机体的终极可分层次（结构和功能的基本单位）。比夏的这种想法为后来细胞学说的建立做了很好的铺垫。

但是比夏无视当时已经建立起来的细胞观念，把组织看做是机体结构和功能的基本单位，因为他不相信显微镜的效用，看不起学者们用显微镜所做的观察工作。他说，"当人们在镜筒的黑暗中注视时，每个人看到了以他自己的方法所看到的东西，自然，观察结果也就受到了影响。"

的确，当时的显微技术还很粗糙，分辨率不高，给显微镜下观察到的现象留下了许多想象的空间。比如观察胚胎发育过程时，会想到如果有分辨率更高的显微镜，就可以观察到更加微小的东西。由此，想象胚胎发育过程只是原有"小体"的扩大，并没有什么新东西的产生。

随着光学显微镜的改进，到了 19 世纪 30 年代，科学家开始应用新式消色差显微镜深入地窥探组织的精细结构，他们已经领悟到组织是由不同的细胞而组成——方形的肝细胞、纺锤形的肌肉细胞、伸得很长的神经细胞等。显然，他们的研究成果远胜于 17 世纪先驱者所做出的。

胡克等五位古典显微学家的工作，被认为是在这个领域中做得最出色的。但是由于当时显微镜技术的局限，还不可能达到理想的效果。后来经过阿米奇西（G. B. Amici, 1786～1863年）、布鲁斯特（D. Brewster, 1781～1868年）、阿贝（E. Abbe, 1841～1905年）等人借助"浸没原理"、使用单色光等不断改进光学显微镜技术，到19世纪30年代，光学显微镜成为了生物学研究中的标准仪器。

解决了光学显微镜的问题之后，还有一个新问题使显微镜的效果受到了限制。这就是光线的波长问题。为了获得更高的放大倍数和分辨率，必须使用短于普通光线波长的光线。有一种方法可以达到目的，那就是使用紫外线显微镜，它能使分辨率增加一倍。

经历了漫长的过程，电子显微镜终于在20世纪出现了。电子显微镜的问世，极其深刻地影响了生物学的研究。因为电子显微镜比光学显微镜敏锐100倍。在这里，我们不妨将肉眼、光学显微镜、电子显微镜的能力作一个粗略的比较。人类眼睛在分辨率小于1/250英寸时就不能区别任何物体。光学显微镜可以比肉眼的辨别能力高出约500倍，因为它能区别1/125 000英寸的物体。光学显微镜能把物体放大约2 500倍。电子显微镜能把物体放大40 000倍，但也可能得到80 000～100 000倍的直径放大倍数。因此，显微技术的不断改良无疑是推进生物学研究快速发展的强大动力。

● 动植物性过程的阐明和遗传定律的初步探索

17世纪以后，由于显微镜的发明和应用，在发现细胞和各种微生物的同时，列文虎克和德格拉夫（R. de Graaf, 1641～

1673 年）等相继发现了动物的精子和卵子。后来意大利博物学家斯帕兰札尼（L. Spallanzani，1729～1799 年）又揭示出精子在卵子发育中的作用。他把狗的精液加以过滤，然后把滤去精子的滤液和没有过滤的精液分别注入狗的阴道，发现不含精子的滤液不能使狗受精。因此他得出精子参与卵子发育的结论，明确了动物的性过程。

前面讲分类学的时候提到过，1694 年，德国植物学家卡梅腊鲁斯指出植物的雄蕊是雄性器官，雌蕊是雌性器官。他发现把蓖麻的雄蕊去掉，它就不会结果实，因此他注意到了花粉在种子形成时候的作用，揭示了植物也有性过程。

有关动植物性过程的阐明，对于遗传现象和杂交育种的研究，起了一定的促进作用。

1760 年，德国植物学家科尔鲁特（J. G. Kolreuter，1733～1806 年）进行植物杂交试验，创立了科学的杂交方法，尤其是回交法。他把烟草的两个品种杂交，结果产生的子代在许多方面表现出介于两个亲本之间的中间性状。由此证明，花粉粒不仅对于形成种子有重要作用，而且亲本性状也可以通过它和胚珠结合传给后代。

科尔鲁特根据他的试验结果指出：生殖依靠两种种子，"一种种子所固有的特质不同于另一种种子，因为这两种物质不同，所以性质也不同，这是很容易理解的。这种物质按照一定比例，并且以最直接和有序的方法进行组合和结合，产生出介于两者之间的第三种物质。第三种物质的特质是这两种单纯的特质所形成，因而是介于两者之间的中间类型，就像是酸同碱混合产生中间类型的盐一样"。

后来，另一位德国植物学家盖特纳（F. Gartner，1772～1856 年）在仔细分析 9 000 多个杂交试验的基础上，认识到纯种之间杂交总是产生同一种形式的杂种。因此他指出：同样两个种之间杂交产生的杂种类型不是不确定的，而是一定的，并且是根据特定的形成定律而出现的。他甚至已经统计出玉米杂种第二代按3∶1的比例分离，只是不解其意。

这些有关杂交育种工作的研究成为19世纪遗传定律发现的先驱。

• 有机体个体发生的两种理论

关于有机体个体发生问题，自古以来就受到人们特别的关注。围绕着这个话题，令人感到奇怪而惊讶的是：为什么后代总是与亲代相似而又不完全相同；在有性过程中，两性对后代各有什么作用；等等。尽管生物学家们为了这些问题绞尽脑汁，但是在19世纪后期以前，没有一种解释能够使当时的生物学家们满意。因为科学家们常常可以从同样的资料中各自得出完全不同的结论。

显微镜被应用于生物学研究之后，就发现了细胞，又观察到复杂的有机体是由一个简单的细胞发展而成的，这吸引了许多学者试图用显微镜去观察生物的个体是怎样发生的，去探索它是如何从一个简单的细胞发展成为复杂的有机体。

当时根据显微镜下观察到的事实，提出了自亚里士多德以来两种截然相反的关于有机体个体发生的理论：预成论和渐成论。

下面我们分别来介绍这两种理论。

预成论也叫先成论。认为微小个体在卵子或精子就已经存在，经过适当的刺激以后，便生长为成体。根据列文虎克用显微镜发现男子精子细胞的事实，预成论者推测在精子细胞里存在一个像小人一样的东西，它有头、躯干、手和足。他们认为整个复杂的有机体就是由它发展而来的，就像花蕾里包含有花的所有部分一样。按照预成论的说法，个体发育是预先存在于生殖细胞（精子或卵子）里的"小体"长大的结果，并没有什么新东西形成。他们设想，存在于生殖细胞里的"小体"最初是看不见的，它的各个不同部分是在不同时期才变成看得见的东西的。

荷兰学者施旺墨丹观察到蝴蝶在蛹的阶段就已经完全成形了，于是他推断蝴蝶在毛虫期甚至在卵里就已经含有它的"小体"了。他认为其他动物也和蝴蝶一样，每一个胚胎在自己的性器官里就已经包含有下一代的"小体"，就像大盒子装有小盒子那样一个套着一个。这样，施旺墨丹就把预成论推向一种极端的形式——设想卵里含有这一种类的一切未来世代的预成"小体"或微型，这就是所谓胚胎套合学说。这个学说的实质，用施旺墨丹的话来说，就是"自然界没有发生，只有增殖，就是只有各个部分的生长。这样原罪❶就得到了说明，因为所有的人都包含在亚当和夏娃的性器官里面，当他们储藏的卵用完的时候，人种就终止了"。这当然是很荒唐的。以后胚胎学的发展也证实了这种学说是不符合事实的，是错误的。

渐成论也叫后成论。渐成论者认为，有机体在开始形成时，是一团没有分化的物质，经过不同发育步骤和阶段以后，才长出新的部分。

德国胚胎学家沃尔弗（Casper Friedrich Wolf，1733～1794年），根据显微镜下观察到的事实，反对预成论的说法。他曾经用显微镜对动植物的个体发育作过仔细观察。他指出，假如动植物有机体像预成论说的那样，在生殖细胞里早就预先形成了，那么我们应当在胚胎里观察到成年动植物的肢体和器官。但是显微

---

❶ 原罪是基督教的一种教义。基督教说：人类始祖亚当因违背上帝的命令吃禁果而犯下的罪，传给后世子孙，绵延不绝，所以叫原罪。

镜下观察到的事实却不是这样。

根据沃尔弗本人的观察，植物的各种器官如叶、花、果等不是预先形成的，而是由构造极简单的、微小的"突起"发展而来的。他认为植物的一切器官都可以缩小成叶的形态，或者说它们只不过是叶子的后天变形罢了。

沃尔弗在观察鸡的胚胎发育的时候，也没有发现里面存在什么完全形成的器官。他发现肠的原始体，开始是薄片状的，后来变成小沟状，最后才成为管状。于是他得出结论：个体发育并不像预成论者说的那样从完备的胚胎开始，而是从没有分化的胚胎组织开始；在受精卵里看不到现成的"小体"或器官，个体发育永远是通过当时还不存在的新的部分的形成和一系列新构造的产生，从简单到复杂的。

这种渐成论的观点集中反映在沃尔弗1759年发表的《发生论》著作里。沃尔弗在这部著作里指出，从正在孵化的鸡卵里所看到的鸡的最初部分，是一种由许多小球体组成的非常稀薄、透明和半液体的实质，这种实质逐渐从中央向脊柱两边延伸，直到最后从这些地方完全消失为止。在上部和下部，也就是在应该形成翅和脚的地方，这种实质不仅停止下来，并且变得更紧密，更坚硬，更不透明。以后在这些地方像土丘一般隆起，逐渐长高加长，最后变成脚和翅。这样看来，每一部分是它以前的另一部分的产物；同时，它也是以后其他部分的起因。任何最初部分是没有组织的，只有在它自己分化出其他部分以后才组织起来。这种组织的发生，或者借助于这一部分中形成的导管和气泡，或者借助于储存在它的实质内部的复杂部分。沃尔弗可以说是胚胎学的建立者。他认识到有机体的发育始于细胞结构，并且认为形态的形成是细胞变化的结果，这种认识也是十分可贵的，它孕育着细胞学说的胚芽。

沃尔弗的渐成论用发展变化的观点阐明了个体的发生，批驳了预成论的错误观点，也促进了物种进化学说的发展。所以恩格斯指出："卡·弗·沃尔弗在 1759 年对物种不变进行了第一次攻击，并且宣布了种源说。"❶ 这里所说的种源说就是指他的渐成论中的进化论思想。

从根本上说，预成论非但没有促进对胚胎的研究，反而起了阻碍作用。如果生长发育仅仅是指微小个体的胀大，那么就根本没有必要去从事对成体前身——胚胎的研究了。正如沃尔弗所指出的，"那些采用预成论体系的人，解释不了有机体的生长发育，根据他们的看法，只能得出结论：有机体是根本不发育的。"

但是，正像科学上的许多争论一样，双方都有某些真理因素，需要一种新的理论才能解决这种争论。某些解释资料本身是有根据的，但解释资料的理论还不完备。其原因在于：当时还没有细胞理论，不能提供更精细地了解精子、卵子和胚胎发育的理论框架；科学家们还未突破过分简单化的机械论和自然哲学的局限，没有认识到既不需要把生命有机体看做是机器，也不应放弃寻找支配生物体的机制。

历史把我们带进了 19 世纪。在 19 世纪里，发生和发育问题的研究，是与细胞理论的发展以及显微技术的改进紧密相关的。在那个时代，德籍俄国胚胎学家贝尔（K. E. von Baer, 1792 ~ 1876 年）和其他科学家一起发现了有机体生长发育的真实过程。

● 18 世纪的生物变化说

尽管在古代就有朴素的生物进化思想，但是自从中世纪的宗

---

❶　恩格斯. 自然辩证法［M］. 北京：人民出版社，1997：15.

教神学统治一切以来，神创论和物种不变论的势力十分强大。虽然经过了文艺复兴，但一直到 17、18 世纪，这一情况基本没有改变。诚如恩格斯所指出的，当时"科学还深深地禁锢在神学之中"。他还具体提到："植物和动物的无数的种是如何产生的呢？而早已确证并非亘古就存在的人类最初是如何产生的呢？对于这样的问题，自然科学常常以万物的创造者对此负责来回答。"❶

但是，在 18 世纪，也有一些生物学家受当时法国唯物主义哲学思想的影响，根据解剖学、分类学和农业育种实践等提供的和物种不变论相矛盾的事实，提出了物种变异和某些物种能转化成其他物种的学说——生物变化说。

法国博物学家布丰（Georges Louis Leclerc, de Buffon, 1707～1788 年）就是提倡生物变化说的代表人物。

布丰出生在一个富裕而又有势力的家庭。早年在伦敦研究自然科学，主要兴趣虽然在物理学方面，但他决心把生物学当做自己的专业领域。1739 年，布丰成为法兰西科学院的非正式会员，并被任命为皇家植物园园长。后来，他出版了长达 44 卷的《自然史》。在这部著作中，布丰描绘了一幅完整的宇宙图画，包括恒星、太阳系到地球以及地球上的生物界和非生物界。

布丰认为物种是变化的，现代的生物起源于少数原始的类型。在他看来，引起物种变化的主要原因是气候、食物和杂交，人的驯养也起着重要的作用。他举出骆驼和狗等家畜变异的例子，并且推测斑马和驴是由马变来的。布丰还比较了新旧大陆的哺乳动物区系，看到了许多物种间的相似，认为它们的差异是由于大陆隔离而产生的不同生活条件造成的。此外，布丰还注意到脊椎动物的结构图案的统一，认为它们是属于同一"家庭"的。

---

❶ 恩格斯. 自然辩证法［M］. 北京：人民出版社，1971：11.

　　布丰还试图把有机界的历史和地球的历史联系起来，这在当时是很杰出的思想。按照布丰的见解，地球是从太阳抛出来的一块炽热的物质团形成的。因此，地球的初期是炽热的液球，后来慢慢冷却，炙热的气体逐渐形成了一个球体，接着地球进一步冷却、变硬，出现了地壳，并在它的表面布满炽热的水汽，这些炽热的水汽冷凝而成了热的海洋。生命就是在这热的海洋里产生的。再往后随着海洋的退却，海底升起，生物也开始从水生生物发展到陆生生物。

　　布丰的这些论述虽然还很不完善，有些甚至是不正确的，但是他反对神创论，承认物种是变异的、演化的，这在当时是一种进步的思想。

　　布丰的这些进步思想显然是和宗教神学的教条不相容的，因此他受到了教会的斥责。在宗教势力的压迫下，布丰不得不在1751年背弃了自己的观点，宣布放弃所有关于地球形成和物种变异的学说。由此可见，在宗教神学统治的年代里，自然科学要取得自己生存的权利，是多么不容易啊！

　　18世纪后半叶，德国著名学者歌德（W. von Goethe，1749～1832年）也不满意物种不变的说法，他试图合理解决生物进化的问题。

　　歌德在对动植物形态作精心研究的基础上，注意到一切有机形态都有内在的联系，并且确信它们之间有一个共同的起源。他在1790年出版的《植物变态学》一书里断言，所有不同形态的植物都来源于一种最原始的植物；所有植物的不同器官都来源于一个最原始的器官——叶子。他在《头骨脊椎论》一书里说，一切脊椎动物（包括人在内）的头骨都是用同样的方式由排列有序的骨群组合成的，而这些骨群只不过是变异的脊椎骨（相当于脊椎骨的骨融合而成）。因此他推断人的骨骼和其他脊椎动物的骨骼一样，都是按照同一个类型组合起来的。

歌德的变化说同当时一些自然哲学家的观点一样，没有超出一般思辨的范围，他也没有提出充分的论据来阐明自己的进化观点，他的大部分论据是推论性的。所以歌德的变化说在当时并没有受到重视。

18 世纪出现的生物变化说继承并发展了古代朴素的生物进化思想，但是它仍然不是科学的进化论。因为它局限于物种转化这样一个简单的思想上，没有发展到关于物种历史发展的观点。也就是说，生物变化说虽然承认物种的变异性，但是它常常不考虑变异的历史继承性，认为物种的变异是没有方向的，可以向任何方向发展。

当时法国著名的哲学家狄德罗（D. Diderot，1713～1784 年）的《达兰贝尔和狄德罗的谈话》这部著作里有句话很好地表达了这种思想。他说："在泥中乱钻的看不见的蠕虫可能达到巨大的动物的状态，而大得使我们惊奇的大动物可能成为真正的小蠕虫。"变化说的这种特点，是同当时的自然科学状况以及和这相联系的哲学思维方法相适应的。

● 生物学还处在襁褓之中

近代生物学从 15 世纪下半叶开始，但一直到 18 世纪，如前所说，人们主要还是从事于搜集和初步整理大量的材料。通过整理动植物的材料，提出了科学的分类法，使植物学和动物学达到了一种近似的完成。在解剖学方面，由于实验方法的应用，发生了重大的变革。由于物理学和化学在这期间也有了初步发展，它们开始影响到生物学研究。显微镜的发明为生物学研究提供了有效的工具，使它开始进入微观领域。化学知识又为动物生理学和植物生理学的深入研究奠定了一定的基础。而生物进化论的思想虽然仍然缺少科学的论证，但是已经比古代朴素的全属思辨性的进化思想大大前进了一步。

尽管这样，这一时期的生物学研究还主要停留在生命现象的表面观察上，缺少对生命本质的深入探讨。所以，在这一时期里，近代生物学还只能说是处在褪褓之中。

这一时期，在生物学的知识上以及在材料的整理上，都超过了古代，但是在理论地掌握这些材料上，在一般的自然观上，反而低于古代。

在古代哲学家看来，世界在本质上是某种从混沌中产生出来的东西，是某种发展起来、逐渐生成的东西。而这一时期的自然科学家却认为，它是某种僵化的、不变的东西，大多数人认为，世界是某种一下子造成的东西。我们前面提到的物种不变论和神创论，就是这种自然观的典型表现。这是一种形而上学和唯心主义的观点。和这相联系的还有一种目的论，就是关于自然界安排的合目的性的思想。根据这种理论，猫被创造出来是为了吃老鼠，老鼠被创造出来是为了给猫吃，而整个自然界被创造出来是为了证明造物主的智慧。

当然，这一时期也有和物种不变论相对立的进化论观点，但它远不如物种不变论势力强大。

在这一时期的生物学领域里，还有两种观点在进行着斗争。

一种是活力论，也叫生机论。活力论是有关生命现象的一种唯心主义学说，认为有生命物体的一切活动是由它的内部所具有的非物质的因素（"活力"或"生命力"）所支配的。这个学说的理论基础就是我们前一章提到过的古希腊的亚里士多德的隐德来希说。这种学说一方面被下面就要说到的机械论所批判，另一方面也被我们前面讲到的动物生理学和植物生理学里对动物呼吸和植物营养的化学概括，证明生命现象和非生命现象的统一性而推翻。

另一种就是机械论。机械论是一种形而上学观点，它和当时自然科学领域里机械力学比较快的发展也有关系。这种观点把生命现象和机械体系等同起来，企图用机械力学的原理来解释生命本质。

早在近代自然科学发展初期，达·芬奇就把活的机体和它的组成部分当做机械系统来看待。他曾经论证动物的骨骼好像杠杆一样发生作用。后来哈维把心脏的作用比作水泵，也是属于这种性质。

机械论的重要代表是法国学者笛卡儿（R. Descartes，1596～1650年），他进一步发展了机械唯物主义观点。在笛卡儿看来，无机界和有机界都是由本质上相同的物体组成的一个机械体系，遵循着同一的规律。他说："人和动物的躯体就像一部复杂的机器，它的运动是按照同一种机械规律来进行的，就像人们为了一种特定的目的而制造的机器的运动一样。"

意大利的学者波雷里（G. A. Borelli，1608～1679年）发展了生物是机器的观点。在他的《论动物的运动》一书里，他运用多方面的例子论述了这种见解。例如，他指出人的行走、跑步、跳跃、滑冰、举重等都完全符合力学原理；动物的飞翔、游泳等也是这样。他把肺当做是一对鼓风箱，把胃看作是一种研磨器，等等。

以笛卡儿、波雷里等为代表的用机械原理去理解生命活动的学派，就是我们前面提到过的医理学派。这个学派的工作打击了当时流行的唯心主义的活力论观点，把对生命现象的解释引导到唯物主义的基础上来，为以后生物学的发展开辟了新的途径，也为哲学唯物主义的发展增添了新的内容。

但是，这种观点片面夸大了各种物质运动形式之间的同一性，到处用力学的尺度来衡量有机过程和生命现象，混淆不同运动形式之间质的差异，正如我们前面说过的，这是一种形而上学的观点，是错误的。所以尽管它在当时和唯心主义活力论作斗争时起过积极的作用，但我们必须看到它的局限性。

如果说 18 世纪的生物科学还停留在研究生命活动的各种表面现象、集中在搜集和积累事实资料上面，还不能对有机界历史发展的观点加以科学的确定，那么，到了 19 世纪，人们对生命现象的认识就大踏步地前进了。这具体表现在寻找各种生命现象之间的历史联系，并且对积累起来的事实资料做出理论的概括。如古生物学、比较解剖学、比较胚胎学、细胞学说和科学进化论等都是 19 世纪的产儿，孟德尔遗传定律也是在这个世纪发现的。

生物学的这些重大成果说明，在 19 世纪，生物学也同其他自然科学一样，正处在一个走向成熟的黄金时代。

第四章

历史观点和比较方法
在生物学中的应用

● 地质学和古生物学

应用历史观点来考察生物的进化问题，同地质学的进步是分不开的。因为各种生命形态总是同它们所处的具体环境条件紧密联系的。脱离具体的环境条件，各种生命形式的存在和发展就是不可理解的。人们虽然早就认识到埋藏在地层里的化石是古代生物的遗骸，是"沧海桑田"的历史见证，但是直到19世纪初，由于法国科学家居维叶（Georges de Cuvier，1769~1832年）的工作，才搞清楚动植物化石在地层里的分布规律，奠定了古生物学的基础。

居维叶于1769年出生在法国的蒙特贝利亚德，是当时法国权威的解剖学家，熟悉各种动物的形态构造。由于他采用新的研究方法，因而对比较解剖的研究起到了很大的推动作用，并把它变成了现代的一门学科。居维叶从动物体的结构形式是由它的习性和机能来决定的观点出发，认为一个动物的整个结构、机能和习性，都可以从它的一部分如一根骨头或者一个器官合理地推论出来。他说："一个动物的所有器官形成一个系统，它的各部分合在一起并且相互作用和反作用；一个部分发生变化必然会使其余部分产生相应的变化……决定动物器官关系的那些规律，就是建立在这些机能的相互依存和相互协助上的；这些规律具有和形而上学规律或者数学规律同样的必然性……牙齿的形状意味着颚的形状，肩胛骨的形状意味着爪的形状，正如一条曲线的方程含有曲线的所有属性一样。"虽然居维叶的相关规律不全是合理的，但在应用上却是十分有效的。居维叶依据这个规律，从零星发现的动物化石骨骼中复制出许多化石动物的原型，记述在他于1812年出版的《化石骨骼的研究》一书中。

此外，居维叶在研究不同地层的化石形态时发现：在不同的地层中存在有机体类型在时间上的更替；从古老的地层向年轻的地层过渡的时候，已经绝迹的动物越来越同现代的物种相似；在地质时代的历史过程中，可以观察到脊椎动物组织的逐步提高。居维叶的这些发现揭示了生物的进化是同地质年代的演进完全一致的，本来应该得出生物进化的结论，但是，居维叶却用灾变论去解释，认为地球遭受过多次重大灾变，每一次灾变之后，旧的生物被毁灭，新的生物又被上帝重新创造出来。从这里，我们可以看到，自然科学家的世界观同他所取得的科学成果之间存在着多么尖锐的矛盾，而要改变这种状况，除了用辩证思维取代形而上学的思维之外，没有别的出路。

最先起来纠正居维叶灾变论的，是19世纪30年代发展起来的新的地质学理论——赖尔（C. Lyell，1797～1875年）的地质学说。

赖尔是著名的英国地质学家。他继承了地质学家赫顿（J. Hutton，1726～1797 年）的"以今论古"的观点，结合他自己广泛深入的观察研究，在 1830～1833 年间写出《地质学原理》三卷，奠定了现代地质学的基础。赖尔在他的著作中，倡导要深入细致地研究现在可以观察到的地质作用如雨水、河流、冰川、海水和火山等对于地球的影响和它们的规律性。按照他的观点，地形的变化、海陆的变迁就是在这些自然因素的长期作用下产生的。"现在是认识过去的钥匙"，是赖尔探讨地质现象的原则和出发点。他批评过去一些地质学者只猜测远古的地质过程可能是怎样，而不去研究这种过程现在是怎样。赖尔和这些地质学者不同，他坚持从现代各种现象中去寻求过去现象的答案，认为现在起作用的自然因素也是过去长期起作用的因素，实际上地球的历史演变已经把过去和现在连成一片。因此，他用"以现在还在起作用的原因试释地球表面上以前的变化"，作为《地质学原理》一书的副标题。

赖尔的地质学不仅开创了地质学的新篇章，而且对于生物学的影响也是极其深远的。正如 19 世纪俄国植物生理学家季米里亚席夫在他的《生物学中的历史方法》一文中指出的，赖尔的《地质学原理》的发表，对于以后生物学研究方向的影响是无可置疑的。

既然地球的历史是缓慢变化的，是在各种自然因素作用下的自然过程，那么生活在地球上的各种动植物也必然是在周围生活条件的影响下，缓慢地变化着、更迭着。因此，地层不同，生物类型就有所不同。很明显，这种结论是和神创论、灾变论相矛盾的。虽然，赖尔本人由于受传统思想的影响和专业分工的限制，没有觉察到这种矛盾，甚至在《地质学原理》的头几版中，还拥护物种不变论，严厉地批评拉马克的进化论，但是，赖尔地质学揭示的事实却无情地否定了神创论、灾变论，证实了进化论。正像恩格斯指出的，"赖尔的理论，比它以前的一切理论都更加和有机物种不变这个假设不能相容。地球表面和一切生活条件的渐次改变，直接导致有机体的渐次改变和它们对变化着的环境的适应，导致物种的变异性"❶。

的确，科学进化论的奠基人达尔文，他早期的研究工作就是在地质学方面，并且正是在赖尔的地质学思想影响下进行的。他在自传中说，赖尔的《地质学原理》是他作环球航行时随身携带的著作。当他想起第一次从事地质调查的地方（佛得角群岛中的圣地亚哥岛），就认识到赖尔的观点远胜过其他著作所提倡的观点，并且在他结束航行回到英国以后，还是遵循赖尔在地质学方面的范例，从事搜集同动植物在家养状况下和自然状况下的变异有关的一切证据。因此，在某种意义上可以说，正是赖尔的地质学引导达尔文得出了物种进化的理论。

● 比较解剖学和比较胚胎学

经过 16 世纪维萨里的《人体的构造》对解剖学的改造，有关人体结构的知识已经相当完备了。到 18 世纪在德国自然哲学的影响下，人是宇宙缩影的观念，引导人们逐渐形成了人体结构贯穿整个有机自然界的结构图式的思想。当把人体结构和猿、猴、狗等脊椎动物的结构加以比较的时候，人们发现像脊椎动物这样大的类群之间，在结构上表现出相当大的相似性。法国的医生维克·达泽尔（Vic D'Azyr，1748～1794 年）在 1784 年就注意到："大自然似乎总是按照一个原有的总方案行事，它对越出这

---

❶　恩格斯. 自然辩证法［M］. 北京：人民出版社，1971：13.

个方案而感到遗憾，而且我们到处可以碰到它的痕迹。"维克·达泽尔在一系列研究解剖学的一般问题的工作中，把人脑、心脏等跟其他脊椎动物的相当器官进行比较，得出结论：器官的结构同居住在不同条件下的动物器官所执行的机能有密切的关系。

比较解剖学诞生的标志，是1803年居维叶的《比较解剖学教科书》一书的问世。在这部著作中，居维叶第一次试图确立人和动物躯体构造的规律。他在比较脊椎动物的形态构造时发现，从鱼类到人类所有脊椎动物的主要特征都是一致的。它们都有坚固的内骨骼，以及由软骨和硬骨构成的骨架——主要是由脊椎和头骨组成的。此外，它们的神经系统、循环系统、消化系统等都是极其相似的。

居维叶在解剖学上的一个重大贡献，就是应用比较的方法揭示了器官的相关规律。这个规律表明：每个有机体都是一个完整的系统，其中所有部分、所有器官，都是相互符合、相互适应、相互联系、相互依赖的，在有机体中实现着相互依赖的性状的共存。器官相关规律体现了两个非常重要的思想：第一，动物的各个部分相互联系着，如果不同时引起其他部分的变异，那么其中任何一部分都不能变异；第二，一个器官的类型一旦产生，就可以根据这个类型决定其他一切的类型。无疑，这在解剖学上是很有价值的发现。当居维叶把它应用在研究从地层中挖掘出来的化石时，从一块骨头就可以重建整个动物的原型，这为古生物学奠定了基础。当把它应用在分类学的时候，居维叶建立了关于动物界的"门"的学说。"门"是现代分类学中最大的分类范畴，在"门"的范围里结合着所有共同构造图案的类群。当时居维叶主要根据神经系统和循环系统的特点，把动物界分成四个门类，即脊椎动物门（哺乳类、鸟类、爬行类和鱼类），软体动物门（章鱼、蜗牛等），关节动物门（海虾、蜘蛛等），辐射动物门（混杂类型，包括所有辐射状对称的动物）。

　　门的学说顾及动物构造的统一图案，对建立自然分类系统是有积极意义的。但是，居维叶从神创论的观点出发，认为不同类型的动物之间毫无联系，四个门类从一开始就存在，并且是永远不变的。这当然是错误的。这也说明，自然科学家如果没有正确的世界观作指导，即使是很有价值的发现，也会对它做出极其荒唐的解释。

　　法国学者圣提雷尔（Etienne Geoffroy de Saint – Hilaire，1772~1844年），在比较解剖学上也有重要的贡献。他在比较解剖学的研究工作中，注意到脊椎动物的前肢骨虽然在不同的物种中能完成不同的机能，比如跑、跳、爬、飞翔和游泳等，但是它们在结构上却是非常相似的。于是，他提出了"器官相似"的原则。按照这个原则，不同的动物，在躯体上占有相似位置并且具有同一构造图案的器官是相似的，即相符合的。因此，不同动物的对应部分，可以从相对于这些动物其他部分的位置而加以识别。圣提雷尔认为，某一器官可以加大、萎缩甚至截断，但是不能互换位置。在不同的动物身上，某一器官总是安置在相对于其他器官的相同位置上。但是，器官的变形——加大或者萎缩服从于平衡原则，也就是说，器官发育的强弱是由环境条件和机体的内在特性（结构的物质单元和原型方案）决定的；如果某一器官发育比较强，那么就为附近另一器官发育比较弱所平衡。例如，鸟的巨大胸骨的发展，就伴随着胸腔的萎缩。器官在发育中为什么会出现这种现象？圣提雷尔认为是因为组成整个动物的物质数量是有限的。

　　圣提雷尔从"器官相似"原则出发，认为脊椎动物具有统一的结构图案是正确的，它反映了这些动物的共同起源。但是，他无条件地把它扩大到整个动物界，断言"自然界按照一个图案创造了一切生物",这是错误的。例如,圣提雷尔认为无脊椎动物是按照变形了的脊椎动物的图案构成的,这是很荒唐的。由于观点上的不同,在 1830 年,他和居维叶展开了一场激烈的争论。当时有两位青年科学家把一部肯定脊椎动物是和乌贼(一种软体动物)的构造相同的著作,提交给法国科学院。圣提雷尔表示赞同他们的观点,而居维叶极力反对。争论一直持续了六个星期。就这次争论的具体事实来说,居维叶是正确的,因为软体动物具有不同于脊椎动物的结构图案,不能把动物构造的多样性归结到一个唯一的结构图案上。但是,居维叶从神创论的观点出发,断言动物界四个门类之间没有丝毫的联系,是固定不变的,这显然是错误的。而圣提雷尔作为进化论的代表,承认物种的变异性和动物界有共同的起源,原则上是正确的。不过,他企图用脊椎动物的统一结构图案来统一整个动物界,是同自然界的事实相违背的。

把居维叶和圣提雷尔的比较解剖学成果引向前进的,是英国的生物学家欧文(R. Owen,1804～1892 年)。他在比较解剖学的研究中发展了关于器官同源和同功的概念。欧文明确地指出:同源器官是不同动物的同一器官,位于身体上同一位置,从同样的原始体发育出来,具有同一的构造图案。例如,鸟的翅膀和人的手臂都是前肢,就骨骼、肌肉、神经和血管来说,它们基本上一致。而同功器官,是动物的一部分身体或者器官,它和另一类动物的另一器官具有同样的机能。例如,鸟的翅膀和昆虫的翅膀,都是真实的飞翔器官,但是它们在构造上和发育上彼此不同,所以,它们是同功器官,而不是同源器官。至于鸟的翅膀和蝙蝠的翅膀,既是同源器官,又是同功器官。

同源和同功的概念,对于阐明器官的起源和它们跟生活环境的关系,是很有帮助的,因此,欧文的工作非常有力地证明了动物界有共同的起源。但是，由于欧文是神创论者，他不能从观察到的事实中做出正确的结论，他在《论肢体的本性》一书中错误地认为："原型观念远在那些现在正实现着它的动物种属存在之前，就已经以各种各样的形式体现在这个行星上了。"显然，这是一种神秘主义的说法。

自从居维叶和圣提雷尔等用比较的方法研究成年的有机体的结构，发展了统一结构图案的思想，取得了比较解剖学的辉煌成就以来，比较解剖学随后发展到不仅对成年动物体进行比较，而且也对它的个体发育过程进行比较，看它是不是也适合统一结构总方案的概念。圣提雷尔在比较解剖学的研究工作中，就曾经注意到这样的情况：在成年动物体上，原型方案已经得到了充分的实现，原型的个别骨头，由于连接、融合或者消失的缘故，在那里已经看不出来了，从而混淆了动物和动物之间的同源体。他考虑要从胚胎状态来考察动物和动物之间的同源体，因为在胚胎时期比较容易看出来。

但是圣提雷尔在这方面没有获得大的突破。直到 1828 年，德籍俄国人胚胎学家冯·贝尔（Karl Ernst von Baer，1792～1876年）才给人们指出了一条深入探索胚胎史秘密真相的正确途径。

贝尔于 1792 年出生在爱沙尼亚。他的一生都在从事比较胚胎学的研究工作，是这门学科的主要创始人。贝尔把观察到的事实和自己的推论，记述在他 1828 年出版的《动物的发育》一书里。他在这部著作的序言里说，他的工作是从"研究鸡雏的发育"开始的，目的是要"努力给动物有机体发育史争取牢固的基础"。

贝尔的《动物的发育》是生物学上一部重要的著作。它不但记述了许多光辉的发现，对动物胚胎构造和它的发育过程作了全面而清晰的描述，而且在这个基础上，对所观察到的事实做出了机智的推断，得出了动物个体发育的一些重要规律。贝尔在研究各种脊椎动物的胚胎发育过程时发现：所有脊椎动物胚胎的构造都有一定程度的相似，在分类上亲缘越接近，胚胎的相似程度越大；在发育过程中，门的特征最先形成，目、科、属、种的特征随后顺序出现。这就是生物学史上有名的贝尔法则。

此外，贝尔还发现了哺乳动物的卵，指出哺乳动物的卵实际上也像鸟卵一样，是一个小卵黄球，不过体积小得多罢了。从这以后，人们才知道从卵开始的个体发育是动物界的普遍规律。胚层学说是现代胚胎学的一个重要规律，也是贝尔创立的。这个学说认为一切多细胞动物在个体发育的过程中，在原肠胚以后可以看到两个或三个胚层，从而使人们认识到胚层是动物发育中的共同构造；胚胎是通过胚层而发育的。总之，贝尔在胚胎学方面的贡献是卓著的。为了表彰贝尔的不朽贡献，在 1864 年为庆祝他从事科学工作 50 年而铸造的纪念章上，刻下了这样意味深长的题词："他从卵开始，把人指给人看。"这个题词真实地反映了贝尔的科学生涯，高度评价了他的科学功绩。

贝尔的胚胎学研究成果，发展了沃尔弗的后成论，具体证实了动物界的统一性，为进化论提供了坚实的论据。贝尔本人也曾经估计到胚胎学研究的意义，他说："发育是研究有机体的真正火炬。它在有机体研究方面的每一个步骤中都用得着；我们对于有机体相互关系的一切观念，都应该受我们对于发育的认识的影响。"所以，就科学见解来说，贝尔是有进化论思想的，他的"一切个别的东西最初都包含在一般的东西里面"的论点，就充分体现了进化论的思想。因此，达尔文在他的《物种起源》中指出，贝尔是自己的先驱者。

但是，贝尔因受传统思想的影响，特别是受居维叶"门"学说的影响，主张不同类型的动物是相互毫无关联的；而属于相同类型的动物是从一个共同结构计划变化而来的。也就是说，类型指导发育，而类型是不变的，是"固定的创造思想"。因此，贝尔并不是进化论者，他只是在非常狭小的范围里接受了进化思想，而且他也不赞同达尔文自然选择的学说，认为它是"还没有完全证实的假定"。另外，贝尔在目的论的论点影响下，认为"目的倾向思想"决定着动物体从卵细胞变来的全部发育，也是错误的。他说过："不是物质而是发生着的动物形态的本质（根据新学派的看法是构造原理）支配着胎儿的发育。"这种说法不过是柏拉图的永恒"理念"和亚里士多德的"隐德来希"的另一种表述罢了。

尽管这样，贝尔在胚胎学上所取得的科学成果在确立科学进化论方面的意义还是巨大的，正像恩格斯所评价的那样，进化论"到了奥肯、拉马克、贝尔那里才具有了确定的形式"。●

1861 年，德国的进化论者海克尔（Kart Ernst Haeckel，1834~1919 年），把贝尔的发现同种系发生的历史联系起来，认为生物个体的历史（个体发育）是种系的历史（系统发育）的重演，并且把这种现象叫做生物发生律（也叫重演律）。

重演律丰富了进化论的内容，也为以后发育生物学的研究开辟了新的方向。海克尔在他的《宇宙之谜》一书中说："每一个科学家，只要他睁大眼睛深入到黑暗而极有趣的人类胚胎史的迷宫，并且能把人的胚胎史和其他哺乳动物胚胎史进行批判的比较，那么他就可以在迷宫里发现意义重大的、能照亮我们人类种系发生的灯塔。因为按照生物发生基本律来讲，胚胎构造的各个不同阶段，是一种重演性发生的遗传现象，它像一盏明灯照亮了我们祖先的各个相应的阶段。"

● 恩格斯. 自然辩证法［M］. 北京：人民出版社，1971：15.

● 为进化论提供了可靠的证据

19 世纪以来，在生物学研究的领域中，由于有了分类学、古生物学、解剖学和胚胎学等的进步，特别是系统地应用显微镜研究细胞的进步，积累了大量的科学资料，使应用历史的观点和比较的方法成为可能。

此外，在当时蓬勃发展起来的思辨哲学的影响下，许多学者已经认识到理论思维在整理经验的观察材料中的作用，并在这方面做出了突出的贡献。例如，德国的进化论者海克尔用思辨哲学，总结当时古生物学、比较解剖学和胚胎学的丰富成果，提出了生物进化的系谱树❶。

应当指出，由于当时许多自然科学家还习惯于旧的思维方法，他们被束缚在形而上学的范畴之内。因此，当他们在必须合理地解释他们所发现的最新科学成果（这些科学成果可以说是证实了自然界的辩证法），并且把这些成果彼此联系起来的时候，就感到束手无策了，最终不得不用空洞的词句来掩盖他们的世界观同他们所取得的科学成果之间的尖锐矛盾。例如，法国生物学家居维叶，用地球经历多次的灾变论来解释生物的进化，等等。

历史观点和比较方法在生物学中的应用，不仅扩大了生物学研究的领域，出现了许多新兴的学科，像古生物学、比较解剖学和比较胚胎学等，而且提高了人们对生物界的认识水平，使人们既看到现存生物在形态上的异同，也追溯到它们在历史上的联系，从而有可能把所观察到的事实联系成为一个整体来认识。很明显，没有比较就没有鉴别，就看不清物种之间的异同；同样，

---

❶ 系谱树是根据各类生物间的亲缘关系的远近，把各类生物安置在有分枝的树状的图表上。用这个树形图表可以简明地表示生物的进化历程和亲缘关系。

没有历史观点，生物学上的许多事实，也就不能得到解释或者失去它们的意义。例如，为什么生物类群可以归纳成几种，相邻地区或地层的物种为什么相似，等等。许多类似的事实，如果在历史观点的指导下就可以追溯它们的起源，就可以进行比较，使生物学成为一个统一的整体。

　　这种进步在生物学发展史上的意义是不可低估的。恩格斯曾经把胚胎学和古生物学看作是对科学进化论的确立，是"具有决定性重要意义的两门崭新的科学"。他说："……出现了在这方面具有决定性重要意义的两门崭新的科学：对植物和动物的胚胎发育的研究（胚胎学），对地球表面各个地层内所保存的有机体遗骸的研究（古生物学）。于是发现，有机体的胚胎向成熟的有机体的逐步发育同植物和动物在地球历史上相继出现的次序之间有特殊的吻合。正是这种吻合为进化论提供了最可靠的根据。"❶

---

　　❶ 恩格斯. 反杜林论［M］. 北京：人民出版社，1971：71.

第五章

细胞学说的确立

● 细胞概念的演进

自 1665 年英国物理学家罗伯特・胡克用显微镜观察到植物死细胞的空腔，并且把它命名为细胞之后，马尔比基、列文虎克等许多学者都相继用显微镜观察到动植物的各种细胞。但是，当时显微技术刚刚开始发展，他们的观察大多停留在细胞的外观形态上，还不能看清细胞的内容物，也没有认识到细胞是动植物的结构单位。

19 世纪以后，由于显微技术的改进，特别是 1830 年相差显微镜的应用，很适于观察没有经过染色的活细胞的结构，才使过去多半是简陋、粗糙、片面的死细胞的研究，进步到多样、精细、全面的活细胞的研究上来。早在 1809 年，法国植物学家米尔伯（Mirbel，1776 ~ 1854 年）在用显微镜观察细胞构造的时候，就发现细胞空腔中有一种均匀的物质。1831 年，英国植物学家布朗（R. Brown，1773～1858年）用改进了的显微镜观察植物表皮细胞，第一次看到了细胞核。接着，1835年，法国学者杜扎当（E. Dujarding）在观察活的根足虫等原生动物的时候，发现它们是由一块柔软的物质块所组成，能改变形状伸出伪足用来捕捉食物或者移动位置。他把这样的一种细胞内容物叫做"肉浆"（sarcode）。差不多同时，捷克人普金奇（J. purkinje，1787～1869年）用显微镜观察了母鸡卵中的胚核，发现动物的组织在胚胎中是由紧密裹在一起的细胞质块组成的，并且使用"原生质"一词来表达细胞里面基本的、没有分化的物质。1846年，冯莫尔（Von Mohl，1805～1872年）也把这种在细胞膜以内可以区分出液状的中心部分，叫做原生质或者细胞质。

德国生物学家莱迪希（Leydig，1821～1908年）和舒尔茨（M. J. S. Schultz，1825～1874年）综合前人的研究成果，把细胞叫做"有核的原生质"，这标志着当时生物学家已经着重于研究细胞的内容物了。

现在，一般都把细胞看作是由细胞膜、细胞质和细胞核三个基本部分组成的。随着电子显微镜的应用，发现细胞的这三个组成部分，每一部分又有着复杂的超显微结构，并且有膜系相互连接着，整个细胞就像是一种复杂的膜系统串联在一起的统一体。

● 施莱登和施旺的概括

在发现细胞以后的很长一段时间里，虽然人们积累了不少观察材料，但还不能对它们做出理论的概括。特别是在当时盛行的形而上学思想的束缚下，生物学家们还习惯于旧有的宏观解剖学的研究方法，把有机体分解成系统、器官、组织来研究它们的结构和机能，认为"组织"是有机体的组成单位，还没有深入到细胞个性的研究。

但是，把细胞看做是有机体结构的基本单位，在某种意义上说，却是进化论思想逻辑的必然结果。早在1759年，沃尔弗在他的发生学的研究中，就已经预示细胞是有机体结构的基本单位。他在《发育论》一书中说，鸡胚的脊柱等器官，是从"一种由许多极小球体组成的非常稀薄、透明和半液体状态的实质"中发展出来的。

1809年，法国科学家拉马克也指出，"细胞组织是一切体制的一般基础，没有这种基础，生活的物体就不能存在，也不能形成。"同年，德国自然哲学家奥肯（L. Oken，1779～1851年）也推测到一切有机体都来源于原生质和细胞。他设想，在大海中由无机物质产生的原始黏液（相当于原生质）可以逐步形成一种极小的泡状物（相当于细胞）。一切有机体都是从这种泡状物发展出来的，表达了有机体是由共同的典型单位所组成的思想。1824年，法国生理学家杜特罗舍（J. H. Dutrochet，1776～1847年）也发表了近似的见解，肯定动植物界细胞组织的同一性。他说："所有的有机体的组织是真实的小球细胞……仅仅为简单的粘着力所联合。"这些表述是对经验自然科学所积累起来的实验材料进行初步的理论概括，已认识到细胞是生物的基本构成单位了。

这种观点同当时越来越多的显微资料结合起来，到19世纪中期，就迫使人们对有机界的认识做出新的说明方式。

1838年，德国植物学家施莱登（Matthias Jacob Shleiden，1804～1881年），在他的《植物的发生》一文里，描述了植物的胚囊细胞，并且对当时所积累的实际资料加以总结，得出了一个重要的结论：一切植物有机体都是由细胞发展出来的；它们一切组织上的构造只有从细胞出发才可以得到解释；细胞是一切生物结构和功能的基本单位。

1839 年，德国动物学家施旺（Theodor Schwann，1810 ~ 1882 年）把施莱登的这个重要结论推广到整个生物界。他在《关于动物和植物在构造和生长上相适应的显微研究》一书中，对前人和他自己观察到的有关动植物有机体显微构造的资料进行了系统的理论概括。他说：植物的外部类型虽然是极其多样的，"可是实际上处处都是同一的东西——细胞所构成的"；外部类型上比植物具有更大多样性的动物，"也不过是由细胞构成的，而且是由和植物细胞完全类似的细胞构成的，这些细胞在营养生活现象中，某些方面表现出极其惊人的一致"。由此看来，"一切有机体实际上是由同样的一些部分即细胞所构成的；这些细胞实际上是按照一些同样的规律形成和生长的，因而这些过程应该被同一些力量所制约"。从这以后，动植物界有机结构的统一性就不再是哲学的论断，而是自然科学的事实了。

细胞学说的确立在生物学发展史上是具有划时代意义的事件。它不仅用有机体的显微构造证明了有机界的统一，揭示了动植物的共同起源，从而在细胞层次上打开了形而上学的自然观的一个缺口，促进了人们对自然过程相互联系的认识，而且，"有了这个发现，有机的、有生命的自然产物的研究——比较解剖学、生理学和胚胎学——才获得了巩固的基础。机体产生、成长和构造的秘密被揭开了；从前不可理解的奇迹，现在已经表现为一个过程，这个过程是依据一切多细胞的机体本质上所共同的规律进行的"❶。

● 微耳和的细胞病理学

人们对病理现象的认识，已经有很悠久的历史了。古希腊受

---

❶　恩格斯. 自然辩证法 [M]. 北京：人民出版社，1971：176.

希波克拉底四种体液学说的影响，常常用体液平衡的失调来说明疾病的发生。除此之外，也有人从神经论的思想出发，解释病理现象。因此在医学史上有所谓液体病理学说和固体病理学说之分。前者重视体液的作用，认为一切疾病均来自血液中的病理改变；后者重视神经纤维的作用，认为疾病是由神经系统传递下来的特异性的病理冲动所引起的。

德国病理学家微耳和（R. Virchow，1821～1902年），在他的《细胞病理学》一书中认为神经论和体液论"这两种理论的基础都不完整"。他为了反对神经论和体液论的偏见，在细胞学说的启发下，继承了18世纪莫干宜（Morgagni，1682～1771年）器官病理学中疾病定位的观念❶，把病理学的研究引导到细胞的基础上来，在医学史上展开了一个新的篇章。

微耳和作为病理学家，做过多年的尸体解剖工作。他从尸体和病人身上搜集了大量材料，严格认真地在显微镜下观察细胞的病理变化，对炎症、血栓和白血病等大量病理变化，不但有详细的描述，而且有一定的综合分析。微耳和的杰出贡献，就是把细胞学说应用到病理过程，创立了独树一帜的细胞病理学。

微耳和从细胞是自主的活的实体出发，认为机体是一个"国家"，每一个细胞是一个"公民"，而疾病就是一种"叛乱"或者"内战"，是细胞遭受损伤的结果。他遵循"必须从既知的组织学成分去追踪病理变化的起源"的原则，认为每个疾病关系到机体中一大堆或者一小堆细胞单位的变化；每一个病理变化、每一个治疗作用（假使可以起作用的话），是作用于一定的生活物质的细胞群。当细胞受到刺激以后，根据刺激性质和细胞本身情

---

❶ 莫干宜根据当时病理解剖所提供的材料，在1761年发表了《由解剖观察之病的位置与原因》一书，对疾病病例作了详细而完全的记载和描述，并且进一步探究病灶所引起的症状，开始用病灶来解释症状的发生，确定了疾病定位的观念。

况的不同，可以引起机能性、营养性和成形性活动的变化。微耳和明确提出，病理是不正常的生理，而细胞则是疾病发生的基本单位。把疾病的发生和发展归结到细胞上来研究是可取的，它有力地打击了当时在疾病认识上占统治地位的血液病理和器官病理的学说，促进了病理解剖学和临床诊断学的发展，对现代医学具有深远的影响。今天的细胞病理学，仍然大量地继承了他的科学遗产。这是微耳和的历史功绩，应当充分肯定。

但是，微耳和在 1858 年出版的《细胞病理学》一书里所流露出来的形而上学观点，例如，把机体归结成"细胞国家联邦"，把疾病的本质仅仅看做是细胞的局部病变等，却是错误的。为此，恩格斯把他当做是 19 世纪中叶坚持形而上学的典型，指出微耳和的"细胞国家联邦"的观点，"这与其说是自然科学的、辩证法的，不如说是进步党的"❶。也就是说，微耳和把他所在的政党——进步党所主张的建立普鲁士"松散联邦"的观点，带到他的细胞病理学中来，这既不符合自然科学的事实，也不是辩证法的。

微耳和根据显微镜下观察到的事实，提出"一切细胞来自细胞"的论点，就细胞个体发生来说无疑是正确的，但是不能把它推广到细胞的历史发育上去，否认细胞形态从非细胞形态发展而来的可能性。"人们在整个有机界所看到的最简单的类型是细胞；它确实是最高级的组织的基础。相反地，在最低级的有机体中，还有许多远远低于细胞的东西。"❷ 至于细胞是怎样从无到有的，这是生物学中的一个重大问题，而且它又是和生命的起源联系在一起的。目前关于细胞的起源、生命的起源问题还没有得到解决。

---

❶　恩格斯. 反杜林论 [M]. 北京：人民出版社，1971：12.
❷　恩格斯. 反杜林论 [M]. 北京：人民出版社，1971：76.

● 巴斯德的微生物学研究和细菌病原体学说

古代关于生命自然发生的观点，到 16、17 世纪还相当盛行，像巴拉赛尔苏斯、赫尔孟特、哈维等都认为在发酵、腐败和类似的过程中，可以产生出蛆等生物。但是，随着人们对生物界更广泛和精确地研究，长期以来确信生物能自生"事实"的信念开始动摇。在这方面雷迪（Francesco Redi，1626～1698 年）的实验是一个转折点。

雷迪是意大利的生物学家。他做了一个引人注目的实验：把肉或者鱼放进用最细密的纱布盖好的大器皿中，这时虽有许多苍蝇停在纱布上，并且把卵产在上面，但是肉或者鱼没有生蛆。于是雷迪得出结论说，腐败的物质只是蛆发育的场所，而卵的排出才是出现这些蛆的必要先决条件，没有卵任何时候也生长不出蛆来。

但是，几乎在雷迪进行这著名实验的同时，荷兰生物学家列文虎克用他自己制造的显微镜，发现了许多单凭肉眼看不见的微生物。在给伦敦皇家学会的信札中，列文虎克详细地描写了鞭毛虫、酵母菌和细菌等微生物，这是他在长时间曝露在空气中的雨水里、各种浸液、粪便和牙秽涂片上观察到的。列文虎克的发现引起了公众的注意。许多人重复了列文虎克的实验，发现在有机物腐败和发酵的地方，到处都有微生物的存在；只要把将要腐败或者容易腐败的物质放在温暖的地方，过一些时候，微生物就会很快发育起来，而这些物质原来是没有微生物的。这就使人们很自然地产生了一种想法：在腐败的浸液里生活的微生物恰恰也是非生命物质自然发生的。因此，自然发生的观点又复活起来，并且围绕微生物能不能自生的问题展开了一场激烈的争论。当时法国科学院决定，能用精确的和可以证实的实验阐明生物原始发生问题的人将授予奖金。这项奖金被巴斯德获得了。

巴斯德（Louis Pasteur，1822～1895年）是法国的微生物学家和化学家，他的研究成果是多方面的。1857年他研究发酵问题，在显微镜下发现，正在发酵的酒液里有很多细小的酵母菌，并且证明它是发酵的根源。在这个基础上，他在1864年用精确的实验反驳了自然发生论。巴斯德把营养液放在一个特殊的曲颈瓶里，用煮沸的方法消毒处理，杀死里面可能有的微生物。当外面的空气通过S形弯曲瓶颈的时候，空气里的微生物就被阻滞在S形管的弯曲表面上。这样，营养液就能够长期保持清净，不会产生微生物，自然也就不会腐败了。于是他得出结论：只要隔绝外来的微生物，在营养液里是不会自然产生微生物的，所以生命的自然产生是不可能的；生命只能来自生命。这叫做生源论。

巴斯德说他的实验推翻了自然发生论，西方的自然科学史也是这样认为的。但是恩格斯却指出："巴斯德在这方面的实验是毫无结果的：对那些相信自然发生的可能性的人来说，他决不能单用这些实验来证明它的不可能性。"[1] 这是因为自然发生论者认为自然发生需要有一定的条件，巴斯德用煮沸消毒等办法破坏了这些条件，不能产生生物并不能绝对证明自然发生不可能。当然，巴斯德的实验是很有价值的，所以恩格斯接着指出，"但是这些实验是很重要的，因为这些实验把这些有机体、它们的生命、它们的胚种等都弄得相当清楚了。"[2] 巴斯德的工作不仅为微生物学奠定了基础，而且对于医学实践的影响也是十分深远的。

19世纪中叶，英国医生利斯特（Joseph Lister，1827～1912年）深为外科手术的感染问题伤脑筋。据他统计，1864年经他

---

[1] 恩格斯. 自然辩证法 [M]. 北京：人民出版社，1971：273.
[2] 同上.

做手术的病人中有45%的人在手术以后死亡。巴斯德的实验使他受到很大的启发，想到手术后伤口的腐烂很可能就是微生物所引起的。他说："巴斯德的研究已经证明空气具有腐败性，并不是其中含有氧或者其他气体，而是因为在空气里飘浮着许多微生物……因此，我想只要在外伤处敷上能够杀灭微生物的药剂，就是不和空气隔绝，创伤的腐烂也是可以避免的。"因此他试图寻找一种化学物质来达到防腐的目的。1865年，他用酚做防腐剂取得了成功，使手术死亡率从45%下降到15%。

同外科消毒法相对应的，是病原微生物学方面的研究和应用。巴斯德是第一个把微生物和疾病确切联系起来的科学家。1865年，法国的蚕丝业由于普遍发生一种蚕病而面临崩溃的境地，巴斯德应蚕业界邀请研究蚕病的情况。他用显微镜发现病蚕和蚕所吃的桑叶都感染了微生物。因此他建议把所有受感染的蚕和桑叶都毁掉，用剩下的没有受感染的蚕和桑叶重新恢复蚕丝生产。结果非常有效。于是巴斯德推广了他的结论，提出"疾病的病原菌学说"。

差不多在同时，德国医生科赫（Robert Koch，1843～1910年）开始对引起各种疾病的细菌进行识别。他改用固体培养基和带盖玻璃盘进行接种培养的方法，分离出引起炭疽的杆菌等多种病原菌。19世纪70年代以后，巴斯德和德国医生科赫一起，相继发现许多致病细菌，搞清楚了炭疽病、结核病和霍乱病分别是由炭疽杆菌、结核杆菌和霍乱弧菌引起的；并且还发现被减毒的病原菌有诱发免疫性的作用。有一次，巴斯德把引起鸡霍乱的细菌培养物，搁了一个星期之后才在鸡的皮下注射，结果发现这些注射过的鸡没有得病死掉，只是小病一场就复原了。巴斯德怀疑这次的培养物坏了，就又重新培养了一批高毒性培养物，可是再次注射以后，这些鸡也没有死亡。显然，鸡感染了减毒的细菌以后，能使它们抵抗毒性很高的细菌。巴斯德意识到这非常类似种牛痘预防天花的情况，因此他把它叫做"接种疫苗"。

自古以来，人类就一直受到天花病的威胁，在天花病流行的地区，人们已经知道，受到天花病传染而病势较轻的人，对这种病有免疫力。早在 12 世纪，在中国，就有在人的鼻孔里接种牛痘预防天花病的先例。但这种方法也不是万无一失的，所以人们被迫去研究天花病的病因和寻找更好的免疫方法来预防天花病。

1796 年，英国学者詹纳（E. Jemmer，1749～1823 年）经过20 年对牛得天花和人得天花的关系的系统观察和对比，得出如下结论：不能对人接种危险的人类天花痘苗，而只能接种不危险的牛痘疫苗达到免疫；牛痘疫苗可以由一个人传给另一个人。经过多次重复试验，詹纳的假说得到了证明，从而发现了有效而又安全的预防天花的办法——接种疫苗。

在科赫实验室工作的德国军医贝林（E. Behring，1854～1917 年），于 1880 年，第一次把白喉抗毒素用在一个患白喉病的小孩身上，结果非常成功。

以巴斯德、科赫和贝林等人为代表的学者们，在 19 世纪后叶建立起微生物学，并为免疫学打下了基础。他们证实了发酵、腐败等都是由于微生物的参与而产生的现象。他们还证实了一些传染病（如结核病等）都是由各种细菌引起的。他们从免疫学的角度出发，提出一些新的免疫疗法（如白喉的抗毒素血清等）。他们在这方面的贡献为 20 世纪基本控制传染病甚至消灭某些传染病奠定了基础。

巴斯德在研究微生物的时候，就已经注意到，微生物的发展会受到其他生物新陈代谢产物的抑制。许多年之后，英国细菌学家弗莱明（Alexander Fleming，1881～1955 年）跟踪研究了这个问题。

弗莱明曾经在各种不同的军医院里工作，发现用于避免伤口感染的药物都不符合他的理想，于是他致力于研究能杀死使伤口感染发生危险的病菌的药物。1929 年的一天，他偶然发现：当培养基的整个平面被葡萄球菌布满时，霉菌周围仍然没有细菌。也就是说，霉菌阻止了细菌的蔓延，并将其消灭。弗莱明把产生这种作用的物质称之为青霉素，因为它是由青霉菌产生出来的。1935 年，英国病理学家弗劳雷（H. W. Florey，1898～1968 年）和德国生物化学家钱恩（E. B. Chain，1906～1976 年）重新研究了青霉素的性质、分离和化学结构，特别是解决了青霉素的浓缩问题，才使青霉素的大量生产成为可能。1941 年，青霉素第一次被使用在一个被葡萄球菌传染的人身上。今天，青霉素已经是最有效和最广泛应用的抗生素之一。

随着巴斯德开创的微生物学研究的兴起，农业肥料的应用也有很大的进步。19 世纪中叶，德国化学家李比希（J. Liebig，1803～1873 年）用化学方法分析了植物灰分里的无机物含量，并且制造出和植物灰分成分相同的人造化学肥料（主要是钾盐和磷酸盐）。他注意到了矿物盐在农业上的重要作用，但是忽略了氮素的极端重要性。

后来，德国农业化学家布森戈（J. B. Boussingault，1802～1887 年）、英国农业化学家吉尔伯特（J. H. Gilbert，1817～1901 年）和劳斯（J. B. Lawes，1814～1900 年）研究了这个问题。他们的研究证明，植物一般并不需要像植物灰分里同样含量的无机盐也能正常地生长，大多数植物都需要含有氮化合物的肥料，比如铵盐和硝酸盐等，只有长有根瘤菌的豆科植物可以不靠氮肥而依然发育茂盛。

他们还进一步发现，良好的作物轮作之所以优越，是由于豆科植物本身的含氮量大大超过肥料所供给的氮量的缘故。现在我们知道，生活在豆科植物根瘤里的微生物，能够直接把大气中的氮转变成氨，再由其他土壤微生物把氨转变成硝酸盐，供植物吸收。布森戈等人的研究成果是现代人工施肥的基础，并且促进了人造肥料工业的发展。

● 把生物学的思想集中到细胞的研究上来

细胞学说的确立是一个知识积累的长期过程，它是许多科学家长期观察、实验、辛勤工作的结果。

自从 17 世纪显微镜被应用于生物学的研究以来，在相当长的一段时间里，显微镜技术没有什么重大的进展。当时显微镜存在的最大问题是镜片的颜色差。一个无色的东西在显微镜下观察会闪烁着各种颜色，像彩虹一样，以致对观察结果产生许多误解。

1827 年，意大利的阿米奇和其他人制成了改进的消色差显微镜（也叫相差显微镜），为生物学的研究开创了新的局面。用这种相差显微镜能观察透明或半透明的活细胞，能更深入地窥探细胞的内部结构，所以细胞核、原生质以及种种过去不知道的细胞内部的构造和生理过程相继被发现。

由施旺和施莱登所概括的细胞学说，是近代生物学的理论基石之一。它揭示了有机界的一个普遍规律：不论有机体的各部分怎样不同，都是由细胞构成的。细胞是有机体发育的起点，是整个有机界形态形成的基础。

在细胞学说的启迪下，人们认识到研究细胞的结构和生理是阐明各种生命现象的途径。于是，细胞水平的生物学研究进展很快，有不少新的发现。

19 世纪 40 年代初期，雷马克（R. Remak, 1815～1865 年）在观察青蛙发育的时候，认识到蛙卵是一个细胞，它可以通过分裂而形成新的细胞。1848 年，德国植物学家霍夫迈斯特（W. Hofmeister，1824～1877 年）在花粉母细胞里看到了核的分裂现象。1873 年，另一位科学家许乃德尔（Schneider）观察到马蛔虫卵有丝分裂的一些重要阶段，第一次描述了有丝分裂的过程。后来，他们的发现被斯特拉斯伯格（E. Strasburger，1844～1912 年）和弗莱明（W. Flemming，1843～1915 年）等所证实，阐明了细胞的有丝分裂方式❶。

接着，在 19 世纪的 70 年代，赫特维奇（O. Hertwig，1849～1922 年）和斯特拉斯伯格等人还发现在动植物受精过程中，精卵细胞的原核有融合现象。80 年代，范贝纳登（von Bene-den，1845～1910 年）和布维里（Th. Boveri，1862～1915 年）等进一步把注意力集中在核染色体上，发现同一物种所有个体的染色体对数是相同的、稳定的，并且许多生物体同一个核内不同染色体对的大小、形态也有明显的区别，从而提出了染色体的个体性和连续性的假设；同时他们还发现在性细胞形成的过程中，染色体有减数分裂的现象。减数分裂是有丝分裂的一种。在生殖细胞成熟的时候，发生减数分裂。经过减数分裂，生殖细胞中的染色体数目减少一半。此外，范贝纳登、布维里和高尔基（C. Golgi，1844～1926 年）等又相继发现了中心体、线粒体和高尔基体等各种细胞器，并且初步认识到它们跟细胞的一些生理活动有关。这些细胞学的成就，为以后生物学的思想集中到细胞上来打下了牢固的基础。

赫特维奇总结前人的工作，于 1893 年，在他的《细胞与组织》一书中，以细胞的特性、结构和功能为基础，试图表明一切

---

❶ 有丝分裂也叫做间接分裂。细胞分裂的时候，染色体同时复制，所产生的两个子细胞都有和亲代相同数目的染色体。整个分裂过程相当复杂，分为四个时期：前期、中期、后期和末期。这四个时期的主要标志是染色体的变化，前期染色质浓缩成染色体，中期染色体分裂，后期染色体组向两极移动，末期重新组成两个细胞核。

生物现象都可以从细胞的生命活动中找到解释，标志着生物学的一个独立分支学科——细胞生物学的诞生。

　　此外，微耳和的细胞病理学、巴斯德的细菌病原体学说和免疫理论，也是从细胞水平研究生命现象所取得的杰出成果。它们对于近代生物学和医学的发展，都有极为深远的影响。

第六章

科学进化论的完成

● 达尔文的直接先驱

进化论思想渊源很早，古代已经有关于生物进化的观念，但它是建立在直观基础上的对自然界的朴素认识，变化很大，还没有定型。

直到 19 世纪初，进化论才有比较系统的表述，具有了稍为确定的形式，正如恩格斯所指出的，"和康德攻击太阳系的永恒性差不多同时，卡·弗·沃尔弗在 1759 年对物种不变进行了第一次攻击，并且宣布了种源说。但在他那里这不过是天才的预见的东西，到了奥肯、拉马克、贝尔那里才具有了确定的形式，而在整整一百年之后，即 1859 年，才被达尔文胜利地完成了。"❶关于奥肯和贝尔的进化论观点前面已经谈到了，这里只谈谈拉马

❶ 恩格斯. 自然辩证 ［M］. 北京：人民出版社，1971：15.

克的进化学说。

拉马克（J. B. Lamarck，1744～1829年）是法国著名的生物学家。他早年从军，后因病退役，退役后才开始从事动植物的研究工作，分别在1778年、1801年和1809年写出《法国植物志》《无脊椎动物分类志》和《动物学哲学》等书，从而奠定了其在生物学界的地位，并且享有很高的声誉。

拉马克原来相信林耐的物种不变论，后来他通过分类学研究和对化石的考察，才初步形成并发展了自己的进化思想。《动物学哲学》是拉马克进化学说的代表作，全书分为三部分：第一部分从分类学讲到动物界的自然系统，进而论述它们的进化过程；第二部分是生命论和生理学；第三部分是心理现象的生物学研究。全书系统地论述了作者对生物进化的见解。他在《动物学哲学》一书中说："各种动物是逐渐生成的；自然界从最不完全也就是最单纯的动物开始造起，一直到最完全的动物为止，因此各种动物有阶段性的体制颇为复杂。而这许多动物，因为遍布在凡是地球上可以生存的各个地域，以致某种动物因为受到各地环境的不同影响，它们的习性、种类和其他各部分，也不免都有变异。"他还指出："随着栖息地、地势、气候、生活方式等环境影响的变化，动物的身长、形态、身体各部分的比例、色彩、品质、敏捷性以及技能上的特性，也会发生同上面所说的变化相适合的变化。"按照拉马克的见解，环境条件对于植物和没有神经系统的动物的影响是直接的，而对于有神经系统的动物的影响是间接的，也就是说，环境的变化是通过动物习性的改变而间接地对动物有机体产生影响的。

拉马克在研究动物习性和器官的相互作用的过程中，得出了两条著名的法则。一条是"用进废退"，即一切动物的任何器官如果经常使用，就会逐渐发达、增大；反之，如果某一器官长期不用，就会逐渐退化，以至完全消失。另一条是"获得性遗传"，即上述的变化是可以世代相传的，使生物逐渐发生演变。拉马克在他的著作里举出很多例子来说明这两条法则。例如，他用长颈鹿作为例子。长颈鹿的祖先生活在干旱缺草的非洲内地，为了生存下去，就不得不改变习性去尽量伸长脖子吃树上的叶子。久而久之，脖子和前腿就发生了变异，并且代代相传，逐渐形成了现在的长颈鹿。这说明，拉马克已经正确地认识到，生物对生活条件的适应是生物进化的主要问题。

此外，拉马克还认为生物的进化是有方向性的。他说："如果我们确信自然发生是真实的，自然界是按顺序造成生物的，那么我们就有理由推想：自然界中不论是动物界或者植物界，作为最早出现的生物，应当是最简单的生物；而体制最复杂的生物，只是到最后才造成。"他把动物界分作六个等级：第一级包括滴虫类和水螅类，第二级包括放射虫类和蠕虫类，第三级包括昆虫类和蜘蛛类，第四级包括甲壳类、环虫类、蔓脚类和软体类，第五级包括鱼类和爬行类，第六级包括鸟类和哺乳类。这样，拉马克纠正了林耐的从高级到低级顺序排列的分类系统。

在拉马克看来，生物的进化历程表现出从低级到高级的向上发展，是因为每一个有机体中天生具有一种内在的力量，使生物演化成更高级的形式。按照拉马克的设想，假如生物天生向上发展的内在要求不碰到障碍，它就会导致一个纯粹直线的生物系列，但是现实的自然界却看不到这种单一的直线上升的生物链条，而常常表现成分枝发展的树状系谱。

对此，拉马克解释说，这是因为多种多样的环境破坏了生物的正规发展，也就是说，在环境影响下的获得性使生物的向上发展发生偏离，因此表现成分枝的系谱树。

这样，拉马克在试图科学地探索生物进化规律方面迈出了充满希望的一步，开辟了解决物种起源问题的科学途径。拉马克的进化学说对达尔文有很大的影响。达尔文在他的《物种起源》一书里高度评价了拉马克的功绩，认为拉马克是第一个进化论者，他的《动物学哲学》等著作揭示了物种进化的原理，第一次唤起世人注意有机界和无机界的一切变化都是根据自然界的规律发生的，而不是神干预的结果。

由于时代的局限，拉马克的学说也有不少缺点和错误。比如，拉马克在论述他的生物进化思想的时候，固然引用了不少可以观察到的事实，但它们常常是推论性质的，如阐述用进废退、获得性遗传的事例，因此还不能令人信服。此外，拉马克受当时哲学思潮的影响，提出生物有内在的向上发展的要求，这显然是一种唯心主义的倾向；而他片面强调环境条件的作用，也带有机械唯物主义的色彩。

● 新的历史条件

如果说在拉马克时代，科学还远没有掌握充分的材料来论证生物进化的规律，使拉马克对物种起源的问题只能做出预言式的答案，那么过了差不多半个世纪以后，情况就大不相同了。生产实践的发展，特别是农业育种工作的迅速进步，为说明生物进化提供了有力的旁证。当时在英国蓬勃发展起来的人工育种工作，已经能在很短的时间里培育出许多具有观赏或者经济价值的新品种来。例如，在达尔文时代，他所熟悉的家鸽品种就有 150 种。至于其他家养动物或者栽培植物品种就更多了。当时小麦的品种有 150～320 种，葡萄的品种有 700～1 000 种。马的品种有 150 种，牛的品种有 400 种，等等。

这些育种工作的成果在一定程度上证明了物种的变异性，同时也预示着不同的有机物种可能有共同的起源。这样，通过农业育种工作的实践，就间接地证明了有机物种的可变性及其起源的统一性。

从 19 世纪中叶以后，自然科学的进展也为论证生物进化的规律提供了空前多的新材料，日益暴露出传统生物学中物种不变观点的陈腐和荒谬，为科学进化论的产生奠定了坚实的科学基础。例如，1830 年英国地质学家赖尔发表的《地质学原理》，阐明了地球的历史发展，直接导致物种的变异性；1838～1839 年间，德国生物学家施莱登和施旺概括的细胞学说，论证了细胞是动植物有机体共有的构造和发育的基础，启示它们有共同的起源；当时两门新兴的学科——古生物学和胚胎学在 1812 年和 1828 年的相继出现，为进化论提供了最可靠的根据。

总之，在科学的猛攻下，形而上学的物种不变论已经越来越站不住脚了，而且也没给造物主留下一点立足的余地。正是在这样的历史条件下，达尔文在 1831 年乘上当时英国派往南美探测资源的"贝格尔"舰，开始了历时 5 年的环球航行，迈出了探索有机界发展规律的第一步。

● 达尔文的《物种起源》和它论证生物进化的科学方法

达尔文（C. R. Darwin, 1809～1882 年）是英国杰出的生物学家，1809 年 2 月 12 日生于英国一个富有医生的家庭。他早年学习神学，原是一个虔诚的宗教徒，深信神创论和物种不变论是真理，后来的科学实践使他摒弃了这种观点，判明进化论是真理，并且愿意付出毕生的精力为之战斗。

1831 年，达尔文在剑桥毕业以后，没有去当牧师，而是通过老师亨斯洛的推荐，以自然科学家的身份随英国海军测量船

"贝格尔"（Beagle）舰作了一次历时5年的环球航行。这次航行对达尔文产生了很大的影响，正像他自己回顾这一段经历时所说的："贝格尔舰上的旅行，是我一生中最重大的事件，并且决定了我的全部研究事业。"在这次旅行中，达尔文观察到了许多自然界存在的客观事实，例如，他发现有一种古代动物的化石同现在生存在南美洲的犰狳很相似，但是比现在的犰狳大得多；看到密切相近的物种分布在相邻地区，一个物种被另一个物种所逐渐代替的情况；注意到离南美洲西岸五六百英里的加拉帕斯群岛上的物种类型具有南美大陆种类的特征；等等。这些事实都和物种不变论相冲突，只能用生物进化的观点来解释。因此，达尔文从他的科学旅行中带回来物种不是固定的而是变化的见解。

达尔文是个英勇的科学卫士。他不崇拜偶像，也没有被专业分工影响全面观察问题的能力。达尔文站在自然科学唯物主义的立场上，尊重实践和经验提供的事实，并且把它概括起来写出了许多阐明生物进化的著作，像1839年出版的《一个自然科学家的环球航行记》、1859年出版的《物种起源》、1868年出版的《动物和植物在家养条件下的变异》和1871年出版的《人类起源和性的选择》等，都是闪耀着进化论思想光辉的著作。

在达尔文这些不朽的著作中，《物种起源》最为著名。该书出版以后，震动了整个学术界，被人们誉为具有划时代意义的伟大著作。达尔文在书中运用动物、植物、地质等各方面材料，系统地阐述了他的生物进化理论。《物种起源》的开头是"历史概述"，简要地回顾了历史上有关物种起源问题的各种见解。接着是一个简短的导言，说明了作者进化观点的形成过程和本书内容的编排。后面就是全书15章的内容。前4章阐述了有关生物进化的基本观点，讲了家养状态下的变异、自然状态下的变异、生存斗争和自然选择等。这些章节是全书的主要部分。后面几章可以看做是前 4 章的补充和发展。

达尔文建立进化论，不像拉马克那样超越当时经验知识的范围试图设计出一幅完整的进化图景，而是通过当时积累起来的但还没有被人们所理解的大量观察和实验，尽可能准确地论证物种起源理论的各个部分。他举出古生物学上的许多事例，比如南美发现的犰狳化石和现代犰狳相像等，证明已经绝灭的物种和现存的物种都属于若干纲的生物，越是古老的地层跟现存类型越有区别，而相连续地层的生物化石是彼此相像的。他还举出分类学、比较解剖学上发现的普遍存在的痕迹器官，如哺乳类中雄体具有退化的奶头等，来说明生物的进化。此外，达尔文还引用贝尔在胚胎学上的成果，论证同一纲的生物，尽管它们在成体上区别很大，但是在胚胎时期是很相像的，甚至不同纲的生物，它们的胚胎早期也是很像的。所有这些材料都确切证明生物是进化发展的。整个生物学，尤其是遗传学、生态学和古生物学取得的成果随后也充分证明了达尔文的基本论述，弥补了达尔文理论根据的缺陷，从而使达尔文理论作为"综合的进化论"在生物学体系里固定下来。

当达尔文试图对这些材料进行理论概括，探讨生物进化的一般规律的时候，他又十分重视人工育种工作的实践，并且他也正是从这方面着手进行研究的。在达尔文看来，这是搞清楚生物的变异和相互适应这个困难问题"最有希望的途径"。因此，他遵循赖尔在地质学方面的范例，根据培根的原则，通过深入调查研究，同有经验的动物饲养家和植物育种家进行谈话，阅读大量的书刊，全面地搜集到大量的事实资料，然后再做出理论概括。达尔文十分推崇我国古代的生物学成就。他认真研究了我国的科学遗产，并且吸取、引用了其中的进化论思想和人工育种方面的辉煌成果，来论证生物的进化。比如，他在《物种起源》《动物和植物在家养下的变异》等书里，反复引用和论证有关我国的很多资料，他说："在一部古代的中国百科全书中，已经有关于选择原理的明确记述。"达尔文所说的中国百科全书，泛指许多著作，其中包括《本草纲目》和《齐民要术》等。

这样，达尔文在总结人工育种工作实践的基础上，提出了人工选择的理论。他认为人工选择包括变异、遗传和选择三个要素，并且指出"选择是人类在创造有用的动植物品种上成功的关键。"这就是说，自然给予动植物的延续变异，经过人工选择确定它们的变异方向以后，就可以通过遗传的累积作用而得到加强和巩固，从而创造出各种各样的新品种来。

人工选择的理论，科学地阐明了家养动物和栽培植物品种的起源以及它们的多样性问题，但是选择的观念怎样能够应用于生长在自然环境下的有机体，人们一时还弄不清楚。然而，达尔文在人工选择的启发下却合乎逻辑地想到："人类既能用耐心选择有益于自己的变异，那么，在变化着的复杂的生活条件下，有益于自然生物的变异为什么不能经常发生并且被保存或者被选择呢？"如果在自然状态下也有选择过程的话，那么是什么力量在进行选择？选择的标准又是什么？自然界的选择也能创造出形形色色的类型来吗？所有这些问题都有待于科学做出确切的回答。

无疑，自然界的情况要比家养情况复杂得多，而且在那里也没有人的意志的作用。那么，自然选择是怎样进行的呢？达尔文根据他在英国的观察、实验和调查，知道三叶草这种植物是由土蜂传授花粉的，因此，三叶草是不是繁盛，主要取决于土蜂的数目。但是，土蜂的窝却经常受到田鼠的破坏，这样，土蜂的数量又取决于田鼠的数量。而田鼠的数量又受到猫的限制。所以在一般情况下就出现了这样的自然联系：猫多、田鼠少、土蜂多、三叶草繁盛；猫少、田鼠多、土蜂少、三叶草不繁盛。在其他植物方面，也可以观察到各种动物大量消灭它的种子的情况。达尔文计算过，在一块不大的、挖掘过并且除过草的土地上，一共长出 357 株植物，其中有 295 株被昆虫和蛞蝓消灭了。类似的情况很多。达尔文还做过这样的试验，在割过的一小块草地上生长着 20 个物种，由于让其他物种自由地生长，其中 9 个物种灭亡了。

当然，自然界里各种物种之间的相互关系，比上述情况要复杂得多。怎样解释这种复杂的自然联系呢？达尔文应用马尔萨斯的人口论❶，把这种普遍存在于有机界的物种之间的复杂关系解释为"生存斗争"。他说："这是马尔萨斯学说应用到整个动物界和植物界"，并且指出，"生存斗争这个名词是广义的、比喻的，包含有生物的相互依赖性，更重要的是不仅包含有生物的个体生存，并且也有繁殖生物种群的意义在里面"。自然界为什么会有生存斗争，它会产生什么样的后果？达尔文认为，一切生物都有高速率增加的倾向，所以生存斗争是必然的结果。各种生物，在它的自然生活期中产生多数的卵或者种子，常常在某一生活期里，或者在某一季节、某一年内遭遇到灭亡。否则，依照几何比率增加的原理，它的个体数目将迅速地过度增大，以致最后无法生存下去。由于产生的个体超过它可能生存的数目，所以生物在自然界里到处都有剧烈的生存斗争，或者一个个体和同种的其他个体斗争，或者和异种的个体斗争，或者和生活的物理条件

----

❶ 马尔萨斯（1766～1839 年），英国经济学家。在他生活的时代里，英国产业革命改变了英国经济和人口分布的情况，城市人口迅速增加。1798 年，马尔萨斯匿名发表《人口论》。它的中心内容是：人口在没有妨碍的时候以几何级数（1、2、4、8、16……）增加，生活资料以算术级数（1、2、3、4、5……）增加，因此断定人口和生活资料增长率不同是一种永恒的自然现象，是人类一切贫困和罪恶的根源。马尔萨斯在他的书里宣布，由于人口的增加比食物的增加快，因此只有靠饥馑、瘟疫和战争等除去过多的人口，才能使食物够吃。

斗争。在这些错综复杂的斗争中，有机体的生死存亡不是随机的，而是有一定规律的。大量事实证明：生物在生存斗争中，那些具有对有机体的生存和发展有利变异的个体容易得到生存，并且传留后代；而那些具有有害变异的个体就容易被淘汰，它们一般不能传留后代。达尔文把这种有利变异的保存和有害变异的消灭，叫做"自然选择"。这样，达尔文就成功地把选择的概念应用到整个有机界。他指出，自然选择也包括三个要素：变异、遗传和自然条件通过生存斗争对变异的选择作用。达尔文认为，自然选择在世界各地每时每刻都在精密地检查着最微小的变异，把坏的排斥掉，把好的留下来，并且把它们积累起来。这种过程是极其缓慢地进行的，要经过很长时间以后才能看到自然选择的巨大成果。达尔文指出："自然选择的作用，完全在于保存和累积各种变异，而这些变异对于每一种生物来说，在它生活的各个时期里所处的有机的和无机的环境中是有利的。最后的结果是，每一种生物和它所处的环境条件的关系将会逐渐改善。这种改善，不免使全世界大多数生物的体制慢慢地进步。"达尔文就是这样找到了物种变异普遍化的形式，令人满意地解释了有机界发展的规律。

应当指出，生存斗争和自然选择的概念并不是从马尔萨斯的人口论演绎出来的，而是达尔文根据自己对自然界的翔实观察得出的。正像达尔文本人所说的："由于长期不断地观察动物和植物的习性，我已经具备很好的条件去体会到处进行着的生存斗争，所以我立刻觉得在这样的环境条件下，有利的变异将被保存下来，不利的变异将被消灭。最后结果大概就是新种的形成。"很明显，如果没有达尔文"长期不断地观察动物和植物的习性"这个必要的前提，生存斗争和自然选择的理论是概括不出来的。

● 达尔文在生物学上所完成的革命

科学进化论在 19 世纪中叶出现在英国，并不是偶然的。当时英国的资本主义已经高度发展起来，为科学进化论的产生提供了必要的社会经济和思想前提；尤其重要的是，那时候自然科学的辉煌成果已经敲响了神创论和物种不变论灭亡的丧钟，预示着科学进化论的到来。达尔文的《物种起源》纲要和华莱士（A. R. Wallace，1823～1913 年）的论文——《论变种无限离开原始型的倾向》，同时发表在英国《林耐学会杂志》（动物）第三卷上，他们几乎使用同样的语言，用自然选择的学说来解释物种的起源。

虽然达尔文和华莱士同时提出自然选择学说，但是达尔文的论述要比华莱士完备得多。这和达尔文的勤奋努力、占有丰富的材料和独特的科学风格是分不开的。达尔文本人在谈到他自己在科学上取得成功的条件时，曾经这样说过，"我对于自然科学的爱好是坚定而强烈的"；"对一个科学家来说，我的成功不管多大，我认为是决定于我的复杂的和种种不同的精神能力和精神状态。关于这些智力，最主要的是：爱科学——在长期思索任何问题上的无限耐心——在观察和搜集事实上的勤勉——相当的发明能力和常识"。正是凭借着这些条件，达尔文几十年如一日，坚韧不拔地从事于进化论的研究工作，终于在 1859 年写出了《物种起源》这部划时代的著作，对有机界发展的规律，第一次从实践上做出了理论的说明，开创了生物学的新时代。

在达尔文时代，虽然近代自然科学的进展已经把形而上学的自然观弄得百孔千疮，使它陷入了困境，但是在生物学领域中，形而上学的物种不变论还占据统治地位，正像达尔文在《物种起

源》的历史概述中所说的那样，"直到最近，大部分自然学者仍
然相信物种是不变的产物，它们都是分别地创造出来的"。在这
样一种流行的偏见中，达尔文没有因为布鲁诺和伽利略的遭遇而
停步不前，他敢于同传统的观念决裂，突破形而上学思想的束
缚，继承先辈的进化论思想，依据自己所观察到的事实和实践经
验，对物种起源问题做出了正确的理论概括，把神创论和物种不
变论从自己的学说里清除出去，完成了生物学中的一次革命。达
尔文本人也曾经意识到《物种起源》的发表，将会在生物学中
引起巨大的变革，产生深远的影响。他说："我在本书里所提出
的和华莱士先生所主张的观点，或者有关物种起源的类似观点，
一旦普遍地被采纳以后，我们就可以隐约地预见到在自然史中将
会引起重大的革命。"事实正是这样。《物种起源》一发表，就
得到当时进步生物学家的热烈支持和赞赏。例如，英国的进化论
者、杰出的生物学家赫胥黎（T. H. Huxley, 1825~1895 年）说，
生物类型起源的理论是和达尔文的名字紧密连在一起的，正像牛
顿的名字同引力理论紧密连在一起的情形一样，并且指出：《物
种起源》的出版，犹如一种光线的闪烁，为一个在黑夜中迷路的
人骤然地指明了一条道路；《物种起源》照亮了生物学的研究，
渗入所有的生物学教程之中，而且在生物学领域之外的影响也没
有减弱。德国的进化论者、卓越的生物学家海克尔也指出，达尔
文用他的选择理论解决了关于有机创造的宇宙大谜，解决了无数
生命形态通过渐变而自然发生的宇宙大谜。他认为达尔文的划时
代著作《物种起源》，在最近 40 年中从根本上改变了整个近代生
物学的面貌。

　　相反，英国反动势力却宣布达尔文是"罪犯"；宗教神学家
在辱骂达尔文的学说是"牲畜哲学"的同时，还动员反动的教
会人士对他进行讨伐，极力抵制达尔文进化论的传播和影响。马

克思主义的凶恶敌人杜林对达尔文学说也怒不可遏，他攻击达尔文的学说是"不科学的半诗"，"只是一种和人性对抗的兽性"，等等。这样，围绕达尔文学说就展开了一场激烈的斗争。尽管当时传统思想、守旧势力还十分强大，并且对达尔文学说发动了气势汹汹的围剿，但真理是骂不倒、扑不灭的。经过一番艰苦的斗争，科学终于战胜邪说，谬误必然败于真理。现在，科学进化论已经被人们所普遍接受，可是围绕达尔文学说的斗争并没有完全停息下来，仍在继续进行着。直到今天，一些资本主义国家还在宣扬神创论、物种不变论，有的还开宗明义规定中学的生物课本必须讲授神创论，认为它也是科学。可见在人类历史的长河中，真理和谬误的斗争是永远不会停止的。

的确，达尔文学说给生物学带来的影响是极其深远的。达尔文学说把历史观点引进生物学，使生物学的面貌发生了根本的变革。达尔文认为物种不是神创的、不变的，而是变化的、发展的，是历史自然的产物。他在《物种起源》中说得很清楚："我把一切生物不看做是特别创造物，而是看作远在寒武纪❶最早地层沉积以前就生活着的某些少数生物的直系后代。"这说明，达尔文不是停留在静止的状态来看待物种之间的相似性，而是从运动、变化、发展的方面来揭示物种之间的历史继承性，把物种之间的相似性看做是它们之间具有或近或远的亲缘关系的体现。这样就为追溯人类的史前时代提供了基础；同时科学进化论所建立的历史观点，也使生物学的各个分支如古生物学、胚胎学和生理学等所发现的大量事实能够得到科学的解释，并且有可能把这些分散的事实贯穿起来，作为一个整体来认识，用来论证有机界的历史发展。正像恩格斯所说的那样，达尔文正是"从联系中证明

---

❶ 寒武纪是地质年代古生代的第一个纪，时间大约在5亿7千万年前到5亿年前。这个时期的生物群主要是海生无脊椎动物。

了，今天存在于我们周围的有机自然物，包括人在内，都是少数原始单细胞胚胎长期发育过程的产物，而这些胚胎又是由那些通过化学途径产生的原生质或蛋白质形成的"❶。

达尔文坚持用自然原因来说明自然现象，把物种的变异、生物的合理构造和它们对环境的适应性，看做是自然法则作用的结果。他在《物种起源》一书的结尾说：当我们注视着一个纷繁的河岸时，可以看到植物丛生遮覆，群鸟鸣于灌木，昆虫飞舞上下，蠕虫爬过湿地。默想一下这种种构造精巧的类型，彼此这样不同，而又用这样复杂的方式相互依存，却都是由于在我们四周发生着作用的法则所产生……这些法则，就它们最广泛的意义来说，就是伴随着生殖的生长，几乎包含在生殖里的遗传。由于生活条件的间接和直接作用以及使用和不使用所引起的变异，完全可以导致生存斗争并且导致自然选择，而且使性状趋异以及使少数类型濒临灭绝的增殖率得到改进。这样，从自然界的战争，从饥馑和死亡，我们能想象得到的最远大的目的——高等动物的产生，就直接随着来到。这样，达尔文就科学地解释了长期以来使人迷惑不解的有机界中的奇异自然现象，推动人们根据自然法则去研究物种变异的原因和它的进化过程，把生物学的研究放到完全科学的基础上来。

达尔文的进化论不仅使生物学的面貌为之一新，把生物学确立为科学，而且对于其他思想领域的影响也是十分深刻的。比如说，进化论摧毁了长期盛行的目的论的观点，引导人们去认识人类社会的政治、经济和思想、文化等不会是固定不变的，而必定会随着时代的变更发生进化。当然，人类社会的进步是由各种因素推动的，绝不能总括在贫乏而片面的"生存斗争"公式中。

---

❶ 《马克思恩格斯选集》第 4 卷第 241 页。

对于达尔文首先系统地加以论述并且建立起来的进化理论，马克思和恩格斯是十分重视的。《物种起源》在 1859 年刚一问世，马克思和恩格斯就很快阅读了它，并且给予很高的评价。例如，马克思在 1860 年和 1861 年分别给恩格斯和拉萨尔的信中指出，《物种起源》这部著作"为我们的观点提供了自然史的基础"，"可以用来当做历史的阶级斗争的自然科学的根据"。❶ 恩格斯在概括 19 世纪自然科学的成就时，把达尔文的进化论列为三大发现之一，并且指出，由于这些发现，"我们对自然过程的相互联系的认识大踏步地前进了"❷。

● 进化论还很年轻有待进一步发展

我们说达尔文胜利地完成了科学进化论，这只是相对而言的。实际上，在达尔文之前，很多学者都有生物进化的思想，如拉马克第一个系统地提出了生物进化的学说。但是，由于缺乏充足的证据，他的学说影响甚微，很少被人们所接受。

达尔文继承先辈的科学思想，综合当代科学实践和生产实践所提供的大量材料，明确地提出生物通过自然选择而进化的理论，以自然界本身的规律来解释生物多样性的原因，把造物主和物种不变的观点从生物学中清除出去，开创了生物学的新时代，这是他伟大的历史功绩。

但是，阐明生物的进化是一个非常复杂的问题，绝不能说由于达尔文的工作，有关生物进化的问题就全都解决了。事实上，达尔文的进化论和其他自然科学理论一样，是在一定历史条件下产生的，是社会生产发展的产物，是科学进步的成果。由于它刚

---

❶ 《马克思恩格斯全集》第 30 卷第 131、574 页。
❷ 《马克思恩格斯选集》第 4 卷第 241 页。

破土而出，还很年轻，所以它只能不完全地、近似地反映自然界的规律，而不可能对客观世界做出十分详尽准确的说明。同任何事物一样，它不是完美无缺的，也存在着缺点和错误。比如，达尔文在他的学说里搬用马尔萨斯的理论去解释有机界的生存斗争，就是一个明显的错误。因为生存斗争是有机界客观存在的现象，它反映了物种之间，以及有机体和无机条件之间的复杂关系，是自然界本身所固有的矛盾，跟马尔萨斯的理论并没有必然的联系。再如，达尔文片面夸大生存斗争、自然选择在生物进化中的作用；片面强调斗争而忽视统一（至少没有足够的重视）的倾向，也是不恰当的。

达尔文学说中的缺陷或不完善的地方和当时的科学发展水平有关。当时细胞学说虽然已经建立，但是研究有机体遗传和变异规律的科学还没有发展起来，人们对于支配遗传的定律还不很了解，对有机体个别变异原因的认识也很肤浅。因此，达尔文在表述他的进化论时，只强调了个别个体的变异怎样得到保存和发展，而对引起个别个体发生变异的原因研究得不够或解释得不够全面。这是因时代的局限而带来的缺点，"是达尔文和大多数真正有所前进的人们所共有的缺点"❶。这个缺点在达尔文的进化论中留下了一个很大的空白，正是这个空白推动了人们去努力探索有机体遗传和变异的规律，进一步去揭示生物进化的内在机制和进化过程的具体细节。遗传学的研究在生物学的发展中也因此显得越来越重要了。

随着遗传学的进展，到 20 世纪三四十年代，人们已经有可能把遗传学的成果同达尔文的自然选择学说有机地结合起来，使生物进化的理论提高到一个新的水平，出现了综合进化论或者叫

---

❶ 恩格斯. 反杜林论［M］. 北京：人民出版社，1971：67.

做现代达尔文主义。现代达尔文主义认为物种的进化是突变、基因重组、选择和隔离这几种因素相互作用的结果。这样，现代达尔文主义对物种进化的解释，在达尔文的自然选择学说的基础上，又从遗传学的角度作了重要的补充和发挥，使进化理论更为丰满。当然，进化论本身还很年轻，毫无疑问，今后进一步的探讨将会继续促进其深化和发展。

第七章

遗传定律的发现

● 探索遗传奥秘的道路

19 世纪以后，随着进化观念的发展，人们开始把遗传现象同进化问题联系起来。19 世纪初，拉马克用"用进废退""获得性遗传"来解释生物的遗传和变异现象，重视外界环境条件对有机体的作用，但这只是根据观察得出的推论性见解，没有用实验来加以证明。

达尔文在确立他的进化论时，也接触到遗传和变异的问题。他首先肯定变异的普遍性和遗传的累积作用，并且把变异区分成一定变异和不定变异❶，认为不定变异是自然选择的主要对象，是生物进化的主要材料。但是他接受了拉马克的获得性遗传的观

---

❶ 一定变异是指由环境条件直接引起的变化，例如，水毛茛，生长在水中的叶子呈丝状，生长在水外的叶子为正常的扁叶，这种变异一般是定向的。不定变异是指通过遗传物质的改变而引起的变化，如性别的差异等，这类变异一般是不定向的。

念，在 1868 年提出"泛生说"来解释遗传现象。达尔文认为：身体各器官都会产生一些代表性的微粒——"泛生子"；这些微粒随血液循环汇集在生殖细胞里，在以后的个体发育中决定后代的各种性状；如果环境发生变化，微粒也相应地发生变异，并且遗传给后代。泛生说很好地解释了获得性遗传问题，但是它同样没有实验作证明。

可见，直到达尔文时代，对遗传和变异的研究实际上还是一片有待开垦的处女地。正像达尔文本人在《物种起源》里所说的："支配遗传的定律，大部分还不明了。没有人能够说明为什么同一性状，在同种的个体之间，或者异种之间，有时候能遗传，而有时候不能遗传；为什么小孩子常常重现他祖父母或者远祖的某种性状。"他还指出："关于变异的定律，我们实在是深深无知的。我们能够说明这部分或者那部分发生变异的任何原因，恐怕还不到百分之一。"

到 19 世纪后半叶以后，同细胞学的发展相适应，遗传学的研究明显地同细胞学联系起来，它大致沿着两个方向发展，其中一个是侧重外界环境的作用，发展了拉马克关于环境条件在生物进化中起主导作用的观点。例如，英国的生物学家斯宾塞（H. Spence，1820～1903 年）早在达尔文公开提出泛生说之前，在 1863 年就提出生理单元论来解释遗传现象。生理单元论从部分（如精卵细胞）可以产生整体的事实出发，假定每一种动物和植物都是由它从属的物种共同具有的基本单元所组成。这些基本单元不是简单分子，而是能够生长繁殖的复杂的分子集合体。由于它们的结构复杂，所以它们很容易被外界条件改变，使单位中的结构发生变化或者打乱它们的平衡。斯宾塞认为，变异只能像拉马克所说的那样，是在环境影响下获得的新特征。

德国的进化论者海克尔也比较强调获得性遗传。他继承斯宾塞的生理单元论，在 1876 年提出小分子说，认为在细胞中存在某种小分子，它能把原生质的特殊化学成分，从亲代传给子代。这些小分子是一切生理活动的"原始负荷者"。在新陈代谢过程中，环境的改变影响到这些小分子的改变而获得的性状是遗传的。海克尔把这种获得性状的传递，叫做进步遗传。它不同于保守遗传。保守遗传是指有机体把相同的形态和生理都传递给子代的现象。在海克尔看来，保守遗传是物种稳定的原因，进步遗传是物种变化的根据。

和海克尔的上述观点相对立的是，认为变异主要取决于有机体内部的遗传物质的变化。比如 1884 年德国的植物学家耐格里（K. Nageli，1817～1891 年）提出生殖质说来阐明遗传现象。他认为细胞种质是在显微镜下看不见的一种链索状的分子团构成的。它是决定成年生物形状的唯一因素。耐格里认为线状种质是充满整个细胞的，由于线状种质里分子团为平行排列，保证了种质的稳定性；如果线状种质融合或者分裂，那么就会出现遗传的变异。因此，在他看来，进化主要是有机体内部力量作用于细胞种质而产生的不连续变化，是飞跃式的。耐格里的这一假设为遗传物质具有一定结构提供了可贵思想。值得重视的是，德国胚胎学家卢科斯（W. Roux，1850～1924 年）也认为遗传因子是颗粒状的微粒，存在于沿着染色体丝直线排列的染色粒中。

1892 年，德国动物学家魏斯曼（A. Weismann，1834～1914年）接受了前人的这些思想，提出种质连续说。他断言，生物体是由种质和体质两部分组成的。种质是连续的、独立的，在个体发育中很早就分化出来，它能够产生后代的种质和体质，但是体质不能产生种质，它只是种质的携带者，并且体质的变化（获得性）是不遗传的，只有种质的变异才可以遗传。魏斯曼在《论遗传》一书里说："在我看来，决定遗传现象的物质只能是生殖细胞里的物质，在世代传递遗传潜势的这种物质，不会因为个体（这种物质的携带者）生活过程中所遭遇的任何相应状态而改变。"他还明确指出：双混作用（杂交）是引起种质变异的原因；染色体是遗传因子的载体；细胞分裂时遗传因子也发生纵裂。魏斯曼把遗传现象同细胞学联系起来，着重于探索遗传传递的连续性、稳定性，引导人们集中于细胞内染色体的研究，在遗传学的发展史上具有十分重要的意义。

19世纪末对遗传现象的统计学分析也是值得注意的。当时达尔文的堂兄弟哥尔登（F. Galton，1822～1911年），设想和血缘有关的遗传是群体，而不是个体，从而把群体的定量测量法引入遗传学。他曾经用数学的方法分析遗传传递的规律。他认为孩子的遗传性中二分之一是由父母亲传下来的，四分之一来自祖父母和外祖父母……如此类推，祖先越远，遗传上的影响就越小。这就是所谓融合学说。虽然说得很有道理，但它仍然是没有经过实验证明的推论。此外，哥尔登还用生物统计的方法分析了杂交试验中性状的遗传现象。他分析亲本都是高的，后代高的和矮的有多少；亲本都是矮的，后代高的和矮的有多少，亲本一个高一个矮，后代高的和矮的又有多少。他发现亲本高的，后代高的比较多；亲本矮的，后代高的比较少。这样他就论证了体高性状是遗传的。这种生物统计的方法，对于理论遗传学和应用遗传学都有深远的影响。

总之，在19世纪的后半叶，欧洲一些生物学家对遗传奥秘的探索是引人注目的，对遗传学的发展起到了一定的作用。但是，这些关于遗传理论的解释所做的尝试有一个共同的弱点，那就是缺乏可靠的实验做依据，只是偏重于理论的探索。在这方面做出重大贡献的是19世纪末奥地利的遗传学家孟德尔（G. Mendel，1822～1884年）。他在掌握先辈们经过大量工作而获得的知识的情况下，亲自做杂交试验，最先发现遗传学的分离定律和自由组合定律，开创了遗传学的先河。

● 孟德尔的植物杂交试验

在孟德尔时代，杂交试验已经很盛行，并且取得了相当可观的成果。但是像孟德尔所说的那样，这些成果"还没有圆满地阐述一个能普遍应用的控制杂种形成和发育的规律"；而对于这样一个课题的探索的重要性，在"关系有机类型的进化历史方面是难于过分估计的"。正是在这样的历史条件下，根据这样的认识，孟德尔开始了他的植物杂交试验工作，他想找到一个普遍适用的控制杂种形成和发育的规律。

孟德尔原是一个奥地利的修士。他是怎样成为一个遗传学的奠基人的，这得从他一生的经历谈起。孟德尔于1822年7月22日出生在一个贫穷的农民家庭，幼年聪明好学，在1840年以优异的成绩从中学毕业。之后，他到奥尔缪茨学习哲学。由于家境贫寒，他在学习期间不得不去做家庭教师。为了获得正规教师的头衔，他曾经两次参加考试，但是都失败了。1843年，当他完成了最初两年的哲学课程后，家庭经济状况再也不能供他继续学习下去，他只好中断学业去当修士，正像他说的，"我的境遇决定了我的职业选择"。后来，由于老师推荐，1851年他被保送到维也纳大学学习自然科学。这对他未来的事业影响很大。在大学学习期间，他从生物学老师奥地利植物学家安格尔（F. Unger，1800～1870年）那里学到了许多生物学知识。安格尔是一个进化论者，也是细胞理论发展中的一位重要人物。孟德尔或是从安格尔那里学到了把细胞看做是动物和植物有机体结构的焦点，这对孟德尔后来想用实验来解决进化问题有一定的影响。特别要提到的是，孟德尔从他的物理学老师那里学到了许多物理学知识和统计学的实验方法。当时教他物理学的是光波和电磁波学家多普勒（J. C. Doppler，1803～1857年）和波动力学家埃丁豪生（A. von Ettinghausen）。如果翻阅一下英国伦敦皇家学会1800～1863年这段期间的科学论文目录，我们可以看到他们两人的论文题目有一个共同特点，那就是都侧重于用数学的方法从事研究工作，对数学分析很感兴趣。因此，孟德尔从他的物理学老师那里学会了统计学的实验方法，先分析一个问题，达到统计学上的解决，然后再用实验来证实或者驳倒这种统计学上的解释。1853年，孟德尔结束了在维也纳的学习，回到布隆。

从1856年起，孟德尔在他任职的修道院后面的空地上开始进行植物杂交试验。他整整花了8年时间，才取得成果——在人类历史上，第一次用令人信服的实验成果揭示了遗传和变异的奥秘；并且写出了《植物杂交试验》这篇著名论文。孟德尔之所以能获得成功，是同他在科学方法论上的独创性分不开的。他在植物杂交试验中十分重视材料的选择，以便使实验材料容易确定杂种后代所出现的不同类型的数目、比例，这样就可能达到统计学上的解决。正像他在论文中所说的，"任何试验的价值和用途决定于材料是不是适宜于它所用作的目的"；并且指出，"如果希望从一开始就避免有可疑结果的危险，用作这类试验的植物类群就必须尽量仔细地选择"。孟德尔还十分重视对实验数据的分析，期望从分析中找出规律性的东西来。

孟德尔按照他拟定的原则，主要选择豌豆作为他的实验材料。豌豆具有7对区别明显的相对性状，如种子的形状有圆有皱，叶子的颜色有黄有绿，茎的长度有高有矮等。而且豌豆是严格自花授粉的植物，不容易受外来花粉的影响。此外，豌豆还容易栽培，生长期又比较短，所以是很理想的实验材料。

孟德尔把这些具有相对性状的豌豆品种互相杂交，然后仔细观察植株的表现，并且把观察结果详细地记录下来。结果发现，杂交的第一代（用 F_1 表示）总是只出现一个亲本的性状。例如，纯的圆形种子（AA）和纯的皱形种子（aa）杂交，F_1 总是出现圆形种子而不出现皱形种子，所以圆形种子是显性，皱形种子是隐性。但是，当 F_1 自交的时候，曾经一度消失了的皱形种子的性状又重新出现了，不过它的数目要少一些，显性和隐性的比大致是 3:1。这种实验结果说明了什么？"3:1"的数字后面隐藏着什么样的自然奥秘？孟德尔依据他的实验数据作了科学的回答。他认为，F_2 杂种后代不同类型的数目，是由于两种花粉粒细胞对两种卵细胞随机受精的结果，从而推断出生物的性状是由某种遗传因子所控制的，在 F_1 中表现出来的叫显性因子，没有表现出来的叫隐性因子。由于 F_1 是杂种，既含有显性因子，也含有隐性因子，因此，用 F_1 自交，得到的 F_2 中必然会发生分离现象，纯型合子表现为显性性状或者隐性性状，而杂合子都表现为显性性状。所以在 F_2 中表现为"3:1"的规律。

这就是说，在杂种中，成对的因子在一起彼此不会混合，它们在形成配子（精子或者卵子）的时候各自分离，这些配子在遗传上都是纯洁的。例如，杂种（Aa）在产生配子的时候，A 和 a 的数目是相等的，而各种不同的配子在相互结合的时候又有着同等的机会，所以在 F_2 中表现是 1（AA）:2（Aa）:1（aa），即显性与隐性表现出 3:1 的规律。这就是孟德尔发现的分离定律。

明确了一对性状分离的规律以后，孟德尔就着手研究有两对相对性状的杂种后代的表现。他选择了黄圆（AABB）和绿皱（aabb）这两对相对性状的豌豆进行杂交。结果 F_1 像预期的那样全是黄圆，因为它们是显性性状；而绿皱没有得到表现，是隐性性状。由 F_1 可以产生 4 种类型的雌性配子或者雄性配子：AB、ϵB、Ab、ab。让 F_1 自花授粉。在授精的时候，这些雌雄配子之间就可能有下面 16 种组合：1AABB、1aabb、1AAbb、1aaBB、2AABb、2Aabb、2AaBB、2aaBb、4AaBb。它们的性状之比大致是 9（AB）:3（aB）:3（Ab）:1（ab）。

为什么会出现这种现象呢？我们知道，由于分离规律，A 和 a 彼此一定分开；而 A（或 a）可以跟 B 在一起，也可以跟 b 在一起。这是两对性状自由组合的内在根据。由于存在着显性，所以不管是 AABB、AABb，还是 AaBb、AaBB，只要它们包含着 A 和 B，就都表现为黄圆，因此性状表现为特有的 9:3:3:1。孟德尔说，这是一个组合系列，把 A + 2Aa + a 和 B + 2Bb + b 两个式子结合起来，就可以得到所有组合的数目。后来，人们把孟德尔当时发现的，这种具有两对相对性状的因子在形成配子的时候，或者具有不同因子型的雌雄配子在形成结合子的时候，表现为自由组合的现象，叫做自由组合定律。

孟德尔之所以在确立杂种形成和发育的普遍规律方面获得成功，就在于他选材得当，选择严格自花授粉的豌豆作为研究对象，避免了天然杂交的污染；思路缜密，从单位性状的遗传分析着手，自简及繁；方法超前，应用统计方法计算杂种后代不同类型个体的数目和比例，推理种群，从分析统计数据运用逻辑推理提出一个合理的假说。终于，他在遗传学认识史上揭开了一个全新的时代。

尽管当时还没有人承认孟德尔的研究成果，但孟德尔深信他的研究成果是遗传学进一步发展的强大推动力。他在逝世前几个月说："……我深信，全世界承认这项工作的成果已为期不远了。"

● 遗传因子的细胞学根据

在孟德尔时代，受科学发展水平的局限，细胞学还处在幼年阶段，人们对细胞分裂和受精过程等了解得还很少。

因此，孟德尔提出的遗传因子还是一个比较抽象的概念，并没有能够把它和细胞里的某种实体联系起来。他只是依据实验结果设想有某种遗传因子担负着性状的发生，或者说假定有某种遗传因子的存在，才能对他的实验结果做出合理的解释。

但是由于孟德尔的这种设想是科学的，所以在他提出遗传因子假设之后不久，就被来自细胞学的新资料所证实，找到了遗传因子的细胞学根据。

19 世纪 70 年代以后，德国的工业生产发展很快，为生物学研究提供了比较好的显微镜、切片机、化学染料等有利条件，促进了细胞学的研究。

1875 年，赫特维奇在海胆的受精卵中第一次看到了精卵细胞的融合现象。1877 年，斯特拉斯伯格在观察植物的受精过程中，也发现了同样的细胞融合现象。这样就把人们的注意力集中到核遗传上了。

从这以后，围绕着高等生物的生殖生理问题，弗莱明等人深入研究了细胞的分裂现象，在 19 世纪 80 年代详尽地描述了细胞有丝分裂过程中染色体的行为。后来，范贝纳登和布维里等人分别在 1883 年和 1887 年发现，同一物种所有个体的染色体对数是相同的、稳定的；并且许多生物体同一个核里的不同对的染色体的大小、形状也是不同的，有明显的差别。由于染色体存在着这种稳定性和特征性的差别，就很自然地引导人们得出一个明确的概念：不同染色体具有不同遗传因子，染色体是遗传因子的仓库。特别是范贝纳登和布维里等发现性细胞有丝分裂过程中有减数分裂现象以后，更加深了这种认识。他们发现，在性细胞形成过程中，当精母细胞或者卵母细胞经过减数分裂形成精子或者卵子的时候，它们的染色体减少了一半，这是由于细胞分裂两次，而染色体只分裂一次造成的。由于减数分裂的结果，雌雄性细胞里的染色体只有精母细胞或者卵母细胞的一半，但是当雌雄性细胞结合以后，核内染色体又恢复到原来的数目了。它们一半来自父体，另一半来自母体。

上述这些细胞学的新发现，说明孟德尔定律中代表相对性状的遗传因子的行为同生殖细胞中染色体的行为是完全一致的。

也就是说，遗传因子的分离和分配，跟性细胞成熟分裂期间染色体的分配和四分体的形成是相对应的。因此，两种性别的杂种产生了数目相等的两类性细胞，一类只含遗传因子 A，另一类只含遗传因子 a。假定所有性细胞受精的概率相等，这些性细胞的核将随机结合，那么就会产生 AA、Aa、Aa 和 aa 四种性状组合，当 A 代表显性性状的时候，就表现出孟德尔的 $3:1$ 分离律。

后来，这种认识经过苏通（Sutton，1876～1916 年）等人的概括，在 1902 年确认孟德尔因子的行为相当于卵和精子的产生和结合期间染色体的行为，这样就大大推进了细胞水平的遗传学研究，产生出一门新兴的学科——细胞遗传学（从细胞水平来研究遗传现象的学科）。

● 奠定了现代遗传学的科学基础

19 世纪以来，特别是 1859 年达尔文的《物种起源》一书出版以后，在进化论思想的影响下，围绕着变异是怎样发生并且传递给后代的问题，进行了大量的遗传学研究。当时有关遗传的理论很多。

一些知名的生物学家如达尔文、斯宾塞、海克尔、耐格里和魏斯曼等，都有不少遗传的见解。他们所使用的名词术语虽然各不相同，但是他们中的大多数都有遗传的颗粒概念，就是遗传信息在种质（或者生殖质）中的颗粒里贮存并且通过颗粒遗传。

此外，他们一般都倾向于把遗传的传递过程和胚胎分化、细胞生理和生物的进化联系起来。

他们的这些见解无疑是正确的，但是由于时代的局限，用当时的科学概念和技术去研究分析这些问题，显然还有很多困难。因此，在他们的遗传理论中，思辨推理性的论述比较多，而可靠的实验证据不足。

孟德尔研究生物遗传现象有他自己的特点，那就是把杂交试验跟统计学的方法紧紧结合起来，从分析实验结果，揭示出隐藏在数字后面的规律，为现代遗传学奠定了坚实的科学基础。

孟德尔把他多年的研究成果写成《植物杂交试验》论文，在 1865 年布隆的自然科学学会上宣读，第二年又发表在该会的会刊上。孟德尔曾经把论文寄给当时的植物学权威耐格里，想得到他的支持。但是，他竟遭到了冷遇。耐格里由于受当时德国思辨哲学的影响，对孟德尔依据实验所提出的假说不予重视，认为孟德尔的发现是"依靠经验的而不是依靠理性的"。另外，当时达尔文的进化论刚发表不久，人们都热衷于讨论这一学说，所以孟德尔的发现没有引起多大的注意。这样，孟德尔的发现就被埋没了 35 年之久，直到 1900 年才得到人们的重视，获得了应有的地位。

孟德尔的发现在生物学发展史上的意义是巨大的。他不仅摒弃了传统的对遗传现象的种种猜测，把对遗传现象的研究引导到完全科学的基础上来，而且在理论上和实践上解决了达尔文所没有能解决的问题。孟德尔的工作揭示了引起个别个体变异的原因，阐明了杂交育种的原理，在实践上使农业育种工作不再是单凭经验，而是可以按照理论来制订方案了；在生物学一般理论方面，孟德尔的发现填补了达尔文进化论的空白，建立了科学的遗传理论，使对生物进化、发展的规律能解释得更为圆满。因此，孟德尔的发现是生物学发展史上一个重要的里程碑。

当然，孟德尔的理论也是有缺点和错误的。由于思想方法的片面性，孟德尔所了解的遗传原理是不够全面的，对遗传基础的作用的认识也不够深刻，带有绝对化、简单化的倾向。现在我们已经知道，性状和因子不是机械的一对一的关系，一个因子可以影响不止一个性状，一个性状也常常不是由一个因子决定的，单位性状严格地讲是不存在的。另外，显性也不是绝对的，它既和因子的强弱有关，也跟机体内外的环境有关，是一个复杂的生理过程。还有，分离原则也是有条件的，不是在任何情况下都适用的。因此，孟德尔的理论同其他自然科学理论一样，还需要去修正和发展。

沿着孟德尔所开创的遗传学道路前进，20 世纪以后遗传学得到了惊人的发展，并极大地丰富了生物学的内容，推动了现代生物学的全面发展。从下一章起，我们将对 20 世纪以来的现代生物学的辉煌成就，作一个简要的介绍。

第八章

从孟德尔到摩尔根

● 遗传学在现代生物学研究中的地位

现代生物学的研究涉及的面是很宽广的，但其中比较突出的还是对遗传学领域核心问题的深入探讨。因为现代生物学的研究课题或多或少，直接间接都和遗传学的研究有关系。比如光合作用和大脑功能等生命现象，都必然有它遗传下来的一定的结构；而遗传的物质基础，在细胞水平来说是染色体，在分子水平来说是 DNA，有时候是 RNA。种群、生态系统和遗传学的关系也极为密切，群体遗传学就是研究遗传物质在生物群体内发生变化的原理的科学。它的目的是更加详细地了解突变、选择、迁移和群体大小等其他因素怎样影响进化。

因此可以说，现代遗传学已经涉及传统生物学的所有领域，成为生物学中一个影响深远的学科。

自 19 世纪中叶达尔文确立了科学的进化论，完成了生物学的第一次革命以来，围绕着遗传和变异的研究，遗传学在生物学的发展中就越来越起着带头作用或者主导作用。现代遗传学在继续深入研究性状怎样遗传的基础上，更深入到探知遗传物质的详细结构，以及它怎样决定性状的发生等。不言而喻，这些知识对于阐明有机体的发育等生命现象，以及进一步揭示物种进化的基本机制和过程都是十分重要的。此外，遗传学既是研究生命的基本属性和规律的一门基础理论学科，同时又和工农业生产、医学卫生事业有着密切的关系，是各门学科渗透的对象。所以在这个领域里思想非常活跃，对于生物学的理论研究有一定的启发作用。

物理学、化学的发展为现代生物学的研究提供了强有力的研究手段，已渗透到生物学中来，因此出现了许多边缘学科如生物化学和生物物理学等，大大推进了生物学的发展。在某种意义上可以说，正是由于遗传学迅猛而广泛的发展，使生物学的研究从细胞水平进入分子水平，突破了描述定性的阶段，步入定量科学的行列，发生了堪称生物学的第二次革命，开启了生物学的新纪元。

因此，如果说生物学的第一次革命和物种进化理论的确立有密切的关系，那么，生物学的第二次革命是和遗传学的进展，特别是确认 DNA 是遗传物质及其双螺旋结构的阐明分不开的。

● 孟德尔定律的重新发现

1900 年，在遗传学发展史上是值得纪念的一年。在这一年，荷兰学者德弗里斯（de Vries Hugo，1848～1935 年）的《论杂种分离的规律》、德国学者柯伦斯（C. Correns，1864～1933 年）的《杂交分离的孟德尔规律》和奥地利学者西马克（E. Seysenegg－Tschernmak，1871～1962 年）的《豌豆人工杂交》的论文中都认为，他们在各自的工作中重新发现了孟德尔定律。正像德弗里斯在他的论文中所说的："这项重要的研究（孟德尔的《植物杂交试验》）竟极少被人引用，以致在我总结我的主要实验，并且从实验中推导出孟德尔论文中已经得出的原理之前，竟然不知道有这项研究。"后来，他们在查阅资料的时候才发现孟德尔的著作，就都在文章中提到这个科学发现应当归功于孟德尔，仿佛他们的工作不过是证实了孟德尔规律的科学价值罢了。所以，科学史上称这个历史事件为"孟德尔定律的重新发现"。

此外，德弗里斯根据试验，还推测每一个遗传特性都有叫做"泛子"的特殊颗粒，并且极力主张物种的性状可以分成一个个独立的组成部分（因子），用于杂交试验。他预言，"这些因子都是遗传科学必须进行研究的单位。正像物理学和化学可以追溯到分子和原子一样，生物学一定要引入这些单位，根据它们的组合来解释生命的种种现象。"

德弗里斯等人用不同的实验材料（包括月见草、豌豆、玉米等）重复孟德尔的试验，得到了相同的结果。并且他们用同样的语言来解释，认为在两个非此即彼的性状中，杂种总是只表现其中的一个，并且得到充分发育。对这个性状来说，杂种同它的一个亲本是无法区别的；在形成花粉和卵细胞期间，这两个非此即彼的特性，是按照通常的概率定律分离的。他们像孟德尔一样，把杂种表现出来的特性规定为显性，把潜在的特性规定为隐性。这个科学历史事实充分证明孟德尔定律具有普遍意义，是科学的真理。

另外，那时候细胞学的发展也为验证孟德尔的遗传因子假说提供了可靠的证据（见第七章）。从此，孟德尔的工作才引起人们的注意，被大家所接受，并且被认为是奠定了现代遗传学的基础。所以，一般认为遗传学是从 1900 年开始的。

1906 年，英国胚胎学家兼第一代遗传学家贝特森（W. Bateson，1861～1926 年），给这门新生的学科命名为"Genetics"（原意为起源或发生）。同时下定义说：它是研究遗传与变异生理基础的科学。这是很有见识的，因为整个遗传学都离不开生理学。

● 约翰逊的纯系学说

20世纪初，遗传学的研究主要是围绕孟德尔定律进行的。像德弗里斯的突变论和约翰逊（W. L. Johnnsen，1857～1927年）的纯系学说，都从不同的角度证明遗传因子的假说是正确的。

1903年，丹麦生物学家约翰逊（W. L. Johannsen，1857～1927年）开始用严格自花授粉的菜豆做材料，做了有名的纯系实验，结果证明在同一个纯系（指一个个体自体受精所得的后代）里，种子间的差异是表面的，性状是受遗传因子制约的。尽管在同一纯系里种子的轻重不同，但是把它们分别种植，所得后代种子的平均重量是相同的。可见，同一纯系里种子有轻有重不是遗传因子带来的，而是环境影响的结果，所以是不遗传的。

表8-1就是在菜豆的同一纯系单株后代里选择最大的和最小的种子的种植结果。

表8-1 不同大小种子种植结果　　　　单位：克

世代	选择的亲本种子平均重量		子代种子的平均重量	
	比较轻的种子	比较重的种子	从比较轻的种子亲本来的	从比较重的种子亲本来的
1	60	70	63	65
2	55	80	75	71
3	50	87	55	57
4	43	73	64	64
5	46	84	74	73
6	56	81	69	68

1909 年，约翰逊首次提出用"基因"一词来代替孟德尔的遗传因子。他认为遗传因子是一个普通用语，不够准确，而"基因只是一个很容易使用的小字眼，容易跟别的字结合，因此用它来代表现代孟德尔遗传研究所阐明的存在于配子里的'单位因子'，'元素'或者'相对因子'，是有用的"。他在 1911 年还指出，受精并不是遗传具体的性状，而是遗传一种潜在的能力，他把这叫做"基因型"。基因型可能在个体中表现出可见性状（表现型），也可能不表现。因此约翰逊的纯系学说阐明：表型（表现型）的变化不一定是基因型的改变；如果没有基因型的改变，进化是不能实现的。

约翰逊提出的"基因"一词从此被沿用下来。在经典遗传学中，基因作为存在于细胞里有自我繁殖能力的遗传单位，它的含义包括三个内容：第一，在控制遗传性状发育上是功能单位；第二，在产生变异上是突变单位；第三，在杂交遗传上是重组或者交换单位。

● 德弗里斯的突变论

接受达尔文的进化学说和孟德尔的遗传理论，就必然会重视考察遗传变异的来源问题，因为没有这种改变，就无法对以上理论作出合理的解释。达尔文本人就十分注意这个问题，并且曾经搜集过动植物育种家所记录的新遗传类型突然出现的许多实例。比如他曾经提到，1791 年在美国马萨诸塞州普通的羊群中，突然产生了一只公羊羔，它的腿短而弯，背部长，看起来就像一只曲膝狗似的。利用这一只羊羔，人们培育出了一个叫做安康羊的半畸形品种。

1886 年，荷兰生物学家德弗里斯在荷兰北部一块废弃的种马铃薯的土地上，开始用月见草进行试验，发现早在 1875 年就已经生长在那里的月见草的所有器官都有突变。除扁化和瓶状化外，寿命的长短等也有明显的区别。比如，矮生型月见草，它极矮，最初长的全是雄蕊；而巨大型月见草，它的叶片特别宽大而壮硕，花大果实短。在 1901 到 1903 年，德弗里斯根据他对月见草等多种植物的突变的研究，提出了一种新的见解，认为这种不连续的、在一个品系的种群里突然出现变异（如月见草的巨大型和矮生型的出现，以及一些植物的芽变的发生等），是进化改变的主要源泉，物种是由突变而一步形成的。他说："物种并不是连续地相互连接着，而是通过突然的变化，也就是突然的步骤而出现的。每一个新的单位（指生物的性状单位）加到那些早已经存在的单位里去，组成一个步骤，把这个类型分开成为一个物种，从原来产生它的物种中独立出来。这新的物种是突然出现的。它的产生没有观察得到的准备，也没有过渡。"这就是德弗里斯所提出的突变理论。

后来，细胞遗传学证明德弗里斯所指的突变主要是染色体畸变（指染色体数目的增减和结构的改变）。这种情况在自然界里并不普遍。现在我们已经知道，基因突变是更加普遍的基本的突变。在自然界的各种因素（如 X 射线、温度和各种化学物质等）的影响下，基因的突变是经常发生的，并且有一定的频率。据估计，细菌的突变频率是 $1 \times 10^{-10} \sim 1 \times 10^{-4}$，高等生物的突变频率是 $1 \times 10^{-8} \sim 1 \times 10^{-5}$。

1927 年，美国遗传学家缪勒（F. Muller，1890～1967 年）发表论文，讨论他用 X 射线照射果蝇所引起的突变。这是人工诱发的突变。差不多在同一个时期，另一位遗传学家斯塔德勒用 X 射线处理大麦和玉米的萌芽的种子，也诱发了许多突变。以后的研究指出，用 X 射线、紫外线、高温等外界条件，可以引起突变的发生并且大大地提高了突变的频率，从而推进了人们对基因突变的研究，并且逐渐形成一门新的学科——辐射遗传学。

辐射遗传学是一门研究辐射对生物遗传和变异的影响的科学。它的目的在于阐明电离辐射诱发突变等的规律和机理，从而预防辐射危害，并且利用它来选育动植物和微生物的优良品种。目前它在农业生产中起着越来越重要的作用。

● 摩尔根的基因论

在发展孟德尔定律方面，工作做得最多、贡献最大的是美国遗传学家摩尔根（T. H. Morgan，1866～1945 年）。1866 年 9 月 25 日，摩尔根诞生于美国肯塔基州列克辛顿一个名门望族，早年就读于霍普金斯大学，并获得博士学位。他早期研究实验胚胎学，偏重于用描述和比较的方法，通过类比和推论引出相应的结论。后来，他摒弃了这种形态学所特有的推论和思辨的方法，转而用实验的方法来研究遗传学问题。他在研究工作中细心探索，努力吸取新的思想，满腔热情地投入到自己的工作中去，最终促使孟德尔开创的遗传学从个体水平走上细胞水平，形成以细胞学遗传学资料为重要依据的染色体遗传学说。

从 1910 年开始，摩尔根用果蝇做材料进行遗传实验，偶然发现培养瓶里有一只雄果蝇身上出现了一个细小而明显的变异，它跟通常的红眼果蝇不同，具有白眼性状。接着，他把那只白眼雄果蝇同它的红眼"姊妹"一起饲养，观察会发生什么变化。结果他发现，所有的杂种一代（F_1）都是红眼果蝇。如果让 F_1 近交，那么所产生的杂种二代（F_2）有红眼的，也有白眼的，它们的比例是 3∶1。这种现象使摩尔根清楚地看到，红眼和白眼的事例完全符合孟德尔的分离定律，具体地说，在这里红眼对白眼占着显性地位。有趣的是，杂种二代的白眼果蝇全都是雄性个体。这使摩尔根想到，红眼和白眼这两种基因很可能总是同决定性别的染色体联系在一起的。因此，他把这种伴随着决定性别的染色体而遗传的现象，叫做伴性遗传或性环连。

在这个基础上，摩尔根进一步研究了基因在同一染色体上的传递情况。比如，当他把黑体残翅（用 bv 来代表）的雄果蝇和灰体长翅（用 BV 来代表）的雌果蝇杂交，得到的杂种一代全是灰体长翅的（灰体、长翅都是显性）。接着，他用杂种子一代雄果蝇和隐性的亲本（就是黑体残翅）测交❶，按照分离定律和自由组合定律，本来应该预期得到 4 种类型的后代：BV、Bv、bV、bv，但是实际上实验结果只有 BV 和 bv 两种类型。它们同祖父母的两组性状完全一样，此外再没有别的类型。应该怎样解释这种实验结果？摩尔根想，如果假定 B 和 V 这两个基因在同一个染色体上，b 和 v 这两个基因在相对的另一个染色体上，上面的遗传现象就可以解释得通了。也就是说，不同染色体上的基因虽然可以自由组合，但是在同一染色体上的若干基因，比如 B 和 V，b 和 v 总是在一起不能分开，就不能自由组合了。摩尔根把这样的遗传现象叫做基因的连锁或者环连。早在 1906 年，英国生物学家贝特生（W. Bateson，1861～1926 年）等在香豌豆的杂交工作中就已经注意到了这种现象。他们让紫花、长花粉的香豌豆和红花、圆花粉的香豌豆杂交，在杂种第二代中，基因并没有自由组合，总是紧紧地连在一起，即在 F_2 中绝大部分不是紫花、长花粉的，而是红花、圆花粉的，同亲本的性状完全一样。但是他们对这种现象没有能作出圆满的解释。后来摩尔根对这一问题作了科学的说明。

----

❶ 在遗传学研究中，测交是让杂种子一代和隐性类型交配，用来测定杂种子一代遗传型的方法。

　　连锁基因是不是完全不能交换呢？实验证明不是这样。像白眼雄果蝇那样的完全连锁是罕见的，在大多数的情况下，每个基因连锁群并不是永远紧紧地连在一起的，相对基因之间有可能出现某些交换。比如在上面的试验中，如果不是用杂种一代的雄果蝇，而是用雌果蝇和隐性亲本杂交，那么就可以得到4种类型的后代，不过交换类型的数目要比预期的少得多，它们的比是BV（0.42）：Bv（0.08）：bV（0.08）：bv（0.42）。也就是说，亲代联合在一起的性状，在杂种后代中绝大部分（占84%）还是联合在一起的，比自由组合定律所预期的要大得多；但是它们也不是完全连锁的，还有一些交换，所以在杂种第二代中出现了Bv和bV两种新类型，数量比较少，只占16%。可见，雌果蝇的基因连锁是不完全的，有一定的连锁基因间的交换。因此，摩尔根把他的发现叫做基因的连锁和互换定律。

　　既然连锁基因之间的交换率差不多总是一个不变的定值，那么，把一些遗传研究中的重要生物的各个连锁群基因之间的交换率一个一个地测出来，再把这些数字比较一下，就会发现它们之间存在一种有趣的关系。比如，A、B、C三个基因，总是A、B之间的交换率加上B、C之间的交换率，正好等于A、C之间的交换率。因此，在同一连锁群里三个基因的交换率，只要知道其中的两个数值，就可以推知第三个数值必定是这两个数的和或者差。这在遗传学上叫做三点试验。例如：实验测得果蝇的黄体基因和白眼基因的交换率是1.2%，白眼基因和另一个叫二裂脉基因之间的交换率是3.5%，黄体基因和二裂脉基因之间的交换率是4.7%，这说明白眼基因位于黄体基因和二裂脉基因之间，也就是在黄体基因之下，二裂脉基因之上。

　　如果拿一定的交换值当做长度单位，比如把每1%交换率当做一个单位，并且假定两条染色体在它们的任何基因位点之间都可能产生交换，交换值和基因之间的距离成正比。那么，我们画出的基因分布图将是一条工整的直线。换句话说，从上面可以推论到基因在染色体上是按一定的次序和距离作直线排列的。摩尔根的同事布里奇斯（C. Bridges，1889～1938年）和斯特蒂文特（A. Sturtevant，1891～1970年）等在这方面做了许多工作。他们用果蝇和玉米等生物做材料，进行了关于连锁遗传的交换的广泛试验，还根据测出的交换值的资料绘制出精细的遗传图，这在遗传学研究上是很有用的科学档案。

1926年，摩尔根在他的《基因论》中，概括了当时遗传学的研究成果，提出了基因学说。他在书中指出："现代遗传理论是根据一种或者多种不同性状的两个个体杂交中的数据推衍出来的。"因此，它同以前许多生物学理论的主要区别，就在于基因论所拟定的各种单元的各种性质，是用数据作为它的唯一根据的。从这个出发点，摩尔根把基因论的内容作了如下概括："基因论认为个体上的各种性状都起源于生殖质里的成对要素（基因），这些基因相互联合，组成一定数目的连锁群；认为生殖细胞成熟的时候，每一对的两个基因依孟德尔第一定律而彼此分离，于是每个生殖细胞只含一组基因；认为不同连锁群里的基因依孟德尔第二定律而自由组合；认为两个相对连锁群的基因之间有时候也发生有秩序的交换；并且认为交换率证明了每个连锁群里诸要素的直线排列，也证明了诸要素的相对位置。"然而，在摩尔根那里，有关基因的物理、化学本质仍然是个谜。

虽然，在摩尔根的著作中，基因还是看不见的假想实体，但是他确信，生物学应该置于与物质科学相同的根基之上，也就是说，评价生物学中的概念和标准，应该与物理学和化学中使用的标准相同。他明确地指出："像化学家和物理学家假设看不见的原子和电子一样，遗传学家也假设了看不见的要素——基因。三者主要的共同点，在于物理学家、化学家和遗传学家都根据数据得出各人的结论。"摩尔根的论据是令人信服的。

● 现代达尔文主义

1937 年，美国遗传学家杜布赞斯基（T. Dobzhansky，1900～1975 年）出版了《遗传学和物种起源》一书，论述了遗传学在说明物种起源中的作用，把当时遗传学的知识同达尔文的自然选择理论结合起来，完成了进化理论的现代综合，被人们称为现代达尔文主义[1]。

按照现代达尔文主义（又称综合进化论）的见解，物种进化的基本单位不是个体而是种群。在自然界里，生物种群一般都具有杂种性。杂种的存在意味着等位基因的存在。例如，有一个基因 A，必然同时有它的等位基因 a。如果这个种群是由 AA 和 aa 两种基因型的个体组成，两种个体数目相等，那么在这个种群里基因 A 的频率是 50%，基因 a 的频率也是 50%。假定这对基因没有优劣之分，又是随机交配的，那么基因 A 或基因 a 在这个种群里的频率就会累代保持稳定，表现出遗传平衡状态。这种现象早在 20 世纪初，已为英国数学家哈代（G. H. Hardy，1877～1947 年）和德国遗传学家温伯格（W. Weinberg，1862～1937 年）注意到。他们分别根据孟德尔定律指出：在一个种群里，每个染色体位点上各种等位基因的相对频率，在理论上是不会因传代而改变的。这就是哈代－温伯格定律。

---

[1] 现代达尔文主义的代表作还有费舍尔的《自然选择的遗传理论》（1930）、赫胥黎的《进化：现代的综合》（1942）、迈尔的《分类学与物种起源》（1942）和辛普生的《进化的时间和形式》（1944）等。

应当指出，哈代－温伯格定律的基因频率保持稳定，需要如下的条件：种群比较大，个体间的交配随机进行；没有突变发生，或者突变已经达到平衡；生殖是随机的，并且存活的机会均等。因此，遗传平衡是暂时的、相对的，迟早要发生变化。引起遗传平衡发生变化的因素主要是基因的突变（最主要的形式是DNA 在复制过程中发生了错误）和选择性的生殖作用（包括随机交配、非随机生育率和非随机的生存）。

当突变发生的时候，就会引起基因频率的改变，打破遗传平衡状态。例如，如果基因 A 经常突变为基因 a，那么基因 A 的频率就可能减少，而基因 a 的频率就可能增加。这样，遗传平衡就难以保持了。比方说，原来的一对等位基因频率为：A = 0.90，a = 0.10。那么原来的基因型的频率就是 AA = 0.81，Aa = 0.18，aa = 0.01。现在假定选择性的生殖作用使 A 的频率由 0.90 变为0.80，那么 a 的频率就会相应地由 0.10 变为 0.20。若继续选择下去，AA 基因型频率最终将消失，而 aa 基因型则增到 1，种群内的全部基因型都是 aa。由此可见，选择性的生殖作用可以使自然选择定向地改变种群的基因频率，产生物种的变异。

综上所述，按照现代达尔文主义（综合进化论）的观点，影响生物进化的主要因素是突变、基因重组、地理隔离和自然选择。在这里，既有随机性、偶然性，又有非随机性、选择性。在生命自然界里，诸如受精过程、不定变异等是随机的、偶然的，而所有个体产生后代的机会和生育率等，则是不均等的、有所差异的，或者说不是完全随机的，是有所选择的。这种选择就会导致基因频率的改变，就会导致新生类型的产生和适应的起源。

此外，隔离，尤其是地理上的隔离也很重要，它使已经产生的新类型不与原来的类型处在一起，这就避免了彼此之间因为杂交而产生的遗传上融合的可能性。经过一段时间之后，地理上的隔离必然导致生物学上的隔离，表现为不能交配或者交配不育等生理上的不相容性。在上述四种因素的相互作用下，从一个物种可以转变成另外一个物种。于是，生物有了进化。因此，综合进化论更加准确地说明了物种的性质和新物种的形成过程。

第九章

光合作用研究新进展

● 生物学研究方法和科学思想的转变

　　生物学研究方法的巨大变革，是同 19 世纪末物理学上的一系列重大发现分不开的。1895 年，德国物理学家伦琴（W. K. Rantgen，1845～1923 年）发现了 X 射线。接着，英国物理学家汤姆生（J. Thomson，1856～1940 年）通过对阴极射线的研究，发现了电子。法国物理学家柏克勒耳（E. von Becquerel，1852～1908 年）发现了铀的放射性。1898 年，居里夫妇（居里，J. Curie F.，1859～1906 年；居里夫人，J. Curie I.，1867～1934年）又发现了镭。这些物理学上的新发现不仅对物理学，而且对整个自然科学都起着十分重要的作用，具有深远的影响。此后，生物学研究中新技术的应用层出不穷，如雨后春笋般地发展起来，像 X 射线衍射技术、电子显微镜等都是生物学家经常要用到的。

　　X 射线衍射技术，是 20 世纪 20 年代发展起来的。它所依据的原理是晶体对 X 射线的衍射效应。因此，结晶越完善，效果越好；而对不易结晶或者结晶不太好的大分子，效果就比较差。X 射线衍射技术从 20 世纪 50 年代开始引入生物学中，现已成为研究生物大分子空间结构最有效的方法之一。

　　核磁共振波谱技术，是利用物质的原子在一个恒定磁场中吸收一定波长电磁辐射的特性来研究物质内部分子、原子等精细结构的一种技术手段。它的优点是可以在液体状态下测定生物大分子的结构，正好弥补了 X 射线衍射技术必须用结晶状态样品的不足。

　　电子显微镜是 20 世纪 40 年代设计制造成功的。当时它的最大分辨本领是 25Å（$1Å = 1 \times 10^{-10}$ mm），现在已经达到 2Å，直接放大倍数在 50 万倍。这就是说，已经能够接近"看到"大分子的粗略轮廓了。到了 20 世纪 60 年代，又研制出扫描电子显微镜。它的优点是立体感特别强，使一般平面图像分辨不清的细微结构，通过扫描就能清楚地显示出来。电子显微镜在病毒和亚细胞结构（如各种细胞器）的研究中起着重要作用。

　　激光技术是 20 世纪 60 年代出现的一种新技术。激光的高度平行性使它很容易聚焦。从理论上讲，激光的光束直径可以聚焦到它的波长的一半，例如红宝石的激光波长是 0.694 3 微米，那么它就可以聚焦到 0.35 微米。根据激光能聚焦到 0.5 微米以下这一特点，实验细胞学实验就可有意识地在不损坏周围组织的情况下，用它来破坏细胞里的各个细胞器，以便研究它们的生理功能。

　　电子计算机在生物学研究中也是广泛应用的工具。它特别适用于复杂运算系统的分析和综合。比如，在酶合成动力学的分析、细胞生长的分析、反馈控制生长的分析研究上，以及细胞繁殖的模拟等方面，都要用到它。

在生物学的研究中，对各种生物样品的成分分离，既要求快又要求纯。为了解决这一问题，目前已经从物理、化学领域里引进很多新技术。在这里我们介绍几个主要的、常用的项目。

光谱化学分析（也叫光谱分析）。它是应用光谱学的原理和实验确定物质的结构和化学成分的分析方法。光谱分析具有极高的灵敏度和准确度，并且分析速度快，在生物化学的研究中经常用到。

色层分析（又叫色谱分析）。它是利用各种物质对不同固体表面的吸附力，和在不同溶液中溶解度的各种亲和力的功效差异，来分离物质的一种分析方法。如，把一种溶液均匀地渗入内盛粉状物质或者粒状物质（吸附剂）的柱体，由于粉状物质或者粒状物质对溶液中各个组分有不同的吸附能力，会使各组分分层吸附在吸附剂柱体上，然后用适当溶剂连续冲洗，就可以使组分逐步分离，从而测定各组分的含量。

电泳分析。它是利用电荷差异进行分析的一种方法。比如，在分散介质中的胶体微粒，由于带有电荷，在外加电场的作用下，微粒会向电极移动。根据电泳分析可以分离性质相似的物质，如各种氨基酸的分离等。

同位素示踪。同位素示踪是研究物质代谢常用的方法。同位素是同属于一种元素，但是具有不同的质量数的原子。例如，^{16}O 和 ^{18}O 都是氧元素，但是它们所含的质量数是不同的，分别是 16 和 18。如果把含有放射性元素示踪原子的某种物质渗入到有机体中去，就可以观察到这种物质在有机体内的变化。

超离心技术。这是一种利用高速旋转（最大转速可以达到每分钟 75 000 转）的转头所产生的强大离心力场，对样品进行分离、提纯的方法，通常用超离心机来操作。超离心技术广泛应用于细胞器、病毒、核酸和蛋白质等生物样品的分离提纯，并且能对它们的某些物理常数（如沉降系数等）进行测定。

上面提到的只是一部分渗入到生物学领域中的物理、化学新技术。这些新技术引进到生物学领域的时间并不长，但是已经看到它们在现代生物学发展中起到的巨大作用。例如，X 射线衍射是 20 世纪 30 年代物理学的新技术，50 年代引入生物学领域之后，使人们第一次看见蛋白质和核酸等生物大分子的结构，并且了解到正是由于这种精细的结构，决定了生物大分子的功能的特异性和灵活性，从而为分子水平的生物学研究铺平道路。

有了前面提到的各种先进的技术手段之后，生物学的研究比过去精确多了。这样，人们就有可能在离体或者活体内详尽地研究生命活动的动态过程，并且对它作出精确的量的评定。

当然，新技术在生物学领域的应用所起的作用不是单方面的，而是互相影响的。这些新技术在解决生物学问题的同时，也促进了它们本身的提高和发展。例如，由于生物学渗透到技术领域，所以生物电子学近年来有了飞速的发展。此外，新技术在生物学中的应用，也要根据生物学的需要进一步加以改进和提高，逐步建立一套适应生物学研究的新技术、新设备。

随着科学的发展，特别是物理、化学新技术的广泛应用，物理、化学的术语和概念也越来越多地渗透到生物学中来。早在 19 世纪中叶，著名的瑞典化学家柏齐里乌斯（J. Berzeius，1779～1848 年）就曾试图用"催化作用"的概念去说明发生在有机体内的化学过程。他说："我们有充分的理由可以假定，在有生命的植物和动物中，有成千种催化过程在组织和液体间发生，结果形成了大批不同的化合物，对于它们是怎样从普通的原料、植物浆汁或者血液生成的，还提不出什么可能的原因。将来也许会在组成活体器官的机体组织的催化功能中发现这种原因。"

1897 年，德国化学家布希纳（H. Buchner，1860～1917 年）进一步研究了一种常见的生命现象——发酵作用。他用磨砂把啤酒酵母磨成糊状，并且收集破碎细胞中释放出来的汁液，然后把它加到葡萄糖中去，发现在这些没有细胞的混合液中也能产生出乙醇和二氧化碳。因此他得出结论，发酵并不是受什么"生命力"支配的，而是催化作用的结果，催化作用是发酵的真正原因；而作为生物催化剂的酶，在这里起着关键的作用。布希纳的工作促进了酶学的研究，也使生物化学从生理学中分离出来，成为一门独立的学科。从此以后，生物化学进展很快。现在，生物化学不仅是一门独立的学科，而且在某种程度上可以说，它已经成为生物学的许多内容的表述工具和了解生命现象的基础。

物理学同化学一样，对生物学的渗透也是很深的。在现代物理学的影响下，从生理学和生物化学等学科中萌发出一门新的学科——生物物理学。它是介于物理学和生物学之间的一门边缘科学，研究范围极其广泛，包括机体里的精细结构、各种物理因素对机体的作用，以及发生在机体内的物理过程等。

此外，现代物理学的理论也有助于进一步了解生命现象，把生物学的研究引向新的高峰。自 20 世纪 20 年代量子论建立以后不久，奥地利物理学家薛定谔（E. Schrodinger，1887～1961 年）就试图把它和生物学的研究结合起来。薛定谔在 1944 年出版的《生命是什么》一书中说："目前的物理学和化学虽然还缺乏说明在生物体所发生的各种事件的能力，然而丝毫没有理由去怀疑它们是不能用这两门科学来说明的。"基于这种认识，薛定谔把活细胞的最重要部分——染色体纤丝叫做非周期性晶体，并且把量子跃迁同遗传因子的突变联系起来，认为有机体遗传的机制是建立在量子论的基础上的。他还引进"负熵"的概念来解释热力学第二定律在生命活动中的特殊表现（不表现为熵的增加），认为有机体是"以负熵为生的"，也就是说，有机体由于吃进了一串"负熵"去抵消它在生活中产生的熵的增加，从而维持了有机体的稳定态。

丹麦的理论物理学家玻尔（N. Bohr, 1885～1962 年），1960年在他的《量子物理学与生物学》的讲演中，也认为生物学工作者应当把量子物理学应用到生命现象的研究中去，来推进生物学的发展。随后，由于量子力学的方法和概念在生物学研究中的广泛应用，在 20 世纪 70 年代又出现了一门崭新的学科——量子生物学。这是一门从电子水平上理解生命现象的科学。

现在，有更多的物理、化学和工程技术的概念像能阶、信息、控制、反馈等，被用来阐明生命现象，并且起到了良好的作用。比如说，反馈概念引进到生理学以后，人们把控制论同人体的生理活动，特别是大脑的活动联系起来，把神经生理学的研究推向新的阶段。从这以后，神经系统就不再被看做是从感觉器官接受刺激，又把它发射给运动器官的一个独立器官。相反，它的某些最具有特征性的活动，只有把它当做一个从神经系统出发进入运动器官，然后又通过反应器官进入神经系统的环形过程才能理解，因此神经生理学的研究就不仅涉及神经和神经腱的基本过程，而且也涉及神经系统作为一个完整整体的动作。因此，维纳（N. Wiener, 1894～1964 年）在他的《控制论》中指出："在很多场合，一定形式的反馈不仅是生理现象中常见的例子，而且它对生命的延续也是绝对必要的。我们在所谓内稳态❶的情形中可以看到这点。高级动物的生命，特别是健康的生命，能够延续下去的条件是很严格的。体温只要有半摄氏度的变化，一般就是疾

---

　　❶ 人体内的温度、血压和血糖等，都只能在一个狭小的范围里变动，维持一种相对稳定的状态。1926 年美国生理学家坎农（1871～1945 年）首次创用内稳态的概念来标示有机体的这种既可变又相对稳定的状态。

病的征候……一句话，我们内部组织中必须是一个由恒温器、氢离子浓度自动控制器、调速器等构成的系统，它相当于一个巨大的化学工厂。我们把这些概括起来叫做内稳态机构。"在这里，维纳实际上是把内稳态机构看作是一种负反馈机制，扩大了反馈概念的适用范围。

现代自然科学的进展充分证实了恩格斯的论断："只有在这些关于统治着非生物界的运动形式的不同知识部门达到高度发展以后，才能有效地阐明各种显示生命过程的运动进程。对这些运动进程的阐明，是随着力学、物理学和化学的进步而前进的。"❶

● 光合作用机制的阐明

任何生物都必须经常地吸收养料和排除废物，才能维持它的生长、繁殖和运动等生命过程。生物学把发生在生物体内的各种化学变化的总和叫做新陈代谢。在新陈代谢过程中，伴随着物质的代谢必有能量的代谢，两者是密不可分的。

发生在生物体内的化学变化与任何化学反应一样都必须有能量的供应才能进行。那么生物是怎样获得源源不绝的能量呢？

早在 20 世纪 20 年代，非斯克（C. H. Fiske）和萨巴-罗（Y. Subba-Row，1896~1948 年），以及罗曼（K. Lohmann）等人在探讨生物能源的过程中，分别独立地从肌肉中发现有一种焦磷酸盐与腺苷相联系的化合物。1935 年，罗曼测定这个化合物的分子式为三磷酸腺苷，即含有三个磷酸根和一个腺苷的化合物，简称腺三磷（Adenosine Triphosphate，ATP）。在这里，A 代表腺苷，T 代表三，P 代表磷酸根。

---

❶　恩格斯. 自然辩证法 [M]. 北京：人民出版社，1971：53.

在 ATP 的三个磷酸键中有两个是蕴藏着大量化学能的高能磷酸键。特别是第三个高能磷酸键对于细胞储存和释放能量起着极其重要的作用。当第三个高能磷酸键从 ATP 分子上脱掉，使 ATP 成为 ADP（腺二磷），或者使一个磷酸根结合在 ADP 上，使 ADP 成为 ATP，都可以释放或者吸收 8 千卡/克分子的能量。在活的细胞中，这样的变化过程是永不停止地进行着的。正是由于 ATP 和 ADP 的这种互相转变，对生物所需能量的及时供应起到了可靠的保证作用。可见，ATP 在生物能量转换、储存和利用中是一种关键性的化合物。

蕴藏在 ATP 分子中的能量又是从哪里来的呢？追根溯源，几乎都是从太阳光得来的。那么太阳能又是怎样变成化学能的呢？这就要借助于绿色植物的光合作用了。

光合作用是重要的生命现象，很早就引起了人们的关注。早在我国古代《齐民要术》中就有"榆性扇地，其阴下五谷不植"的记载。但是，人们对植物的光合作用进行实验研究，则是从 18 世纪开始的。1771 年以来，经过普利斯特利和英根豪茨等人的工作，人们已经认识到光合作用具有典型的化学性质。从光合作用是化学过程这一认识出发，很容易想到它和其他化学反应过程一样，总是在一定条件下进行的，并且它的反应进程和速度也受到各种因素的影响。因此，几乎整个 19 世纪人们在研究光合作用的时候，都把注意力集中在寻找光合作用的最适合条件上。比如在分析光、二氧化碳和温度等因子对光合作用的影响方面，做了大量的实验工作，并且取得了不少的资料。例如：1782 年，瑞士牧师塞内比尔（J. Senebier，1742~1809 年）发现植物可以利用溶于水的"固定空气"（即二氧化碳），恢复空气的活性；随后，日内瓦的化学家德·索修尔（N. T. de Saussure，1767~1845 年）已经能够测出植物释放的氧气的重量；接着，杜特·

罗歇（Dutrochet Rene, 1776～1847 年）发现，只有植物才用叶绿素吸收二氧化碳，放出氧气；1865 年，德国植物生理学家萨克斯（Julius v. Sachs, 1832～1897 年）指出，叶绿素在吸收二氧化碳以后，就合成淀粉。但是，由于研究方法的片面性，只局限在单因子分析，没有注意到各种因子之间的相互作用，以致在光合作用研究方面几乎没有取得什么重大的突破。

进入 20 世纪以后，科学家鉴于前人的经验教训，开始注意到影响光合作用的各种因子之间的相互联系，终于找出了在不同条件下各种因素的不同作用，才把光合作用的研究工作向前推进了一步。1905 年，英国植物生理学家布莱克曼（F. F. Blackman, 1866～1947 年），对影响光合作用速度的各种环境因素之间的相互联系和相互影响进行了具体的分析以后，提出限制因子定律。他说："当一个过程的速度受若干不同的因子影响的时候，它的具体速度是受其中最慢的因子的步伐限制的。"例如，在弱光下光合作用的速度受光的限制，必须提高光的强度，才能提高光合作用的速度；当光的强度提高到一定程度以后，二氧化碳的浓度就显得不够了，成了限制因子，必须提高二氧化碳的浓度，才能提高光合作用的速度。因此，各种因子之间是相互联系、相互制约的。

20 世纪 20 年代，人们对光合作用的认识，开始从外部联系深入到对内部机理的探讨。20 世纪以前，光合作用研究都是在植株或叶片上进行的。1919 年，德国化学家华勃（O. H. Warburg, 1883～1970 年）改用单细胞藻类——小球藻做实验材料，摆脱了植株或叶片的复杂结构，并且创制了华勃氏呼吸器。这个呼吸器的灵敏度很高，要用微升计算；测量的时间也很短，使过去需要几小时完成的实验，能在几分钟内完成。由于它能在短时间内准确地测量出气体交换情况，可以避免细胞生长和其他代谢活动对实验的干扰，因此是研究光合作用的良好工具。

华勃等人用实验证明：温度对光合作用的影响是随光强度而变化的。在强光下，温度系数大（大于或者等于2），光合作用的速度在一定范围里随着温度的升高而加快；在弱光下，温度系数小（等于1），光合作用速度不受温度的影响，从而进一步发展了限制因子定律。他还证实光合作用有两个步骤：一个是光反应，需要光；另一个是暗反应，不需要光，而和温度有关，两者是交替进行的。这样，对光合作用的研究就开始从外部联系深入到对内部机理的探索。

1931年，荷兰生物学家范·尼尔（C. B. Van Niel）发现硫细菌的营养方式也具有光合作用的形式：

$$2H_2S + CO_2 \longrightarrow CH_2O + H_2O + 2S$$

不同的是，在这一过程中没有氧释放出来。因为它的供氢体不是水而是硫化氢。根据这一现象，范·尼尔的发现就突破了过去用是不是放氧作为光合作用的唯一标志的观念，扩大了光合作用的研究范围，对于打开光合作用这个"黑箱"起到了很大的推动作用。

对光合作用的研究过去一直都是在机体或者活细胞里进行的，所以直到20世纪30年代初，美国植物生理学家爱姆生（R. Emersen，1903~1959年）在评述光合作用的时候还说："光合作用是一个这样依赖于细胞持续生活的过程，以致很微弱的伤害都会使活动完全和不可逆地停止……到现在为止，还没有人能从生活细胞制备出简单物质或者这些物质的混合体，即使只要它们表现最微弱的光合作用。"当时认为光合作用是一种生命现象，必须在活细胞内进行，如果细胞遭受损伤，光合作用也就停止。

可是到1939年，英国生物化学家希尔（R. Hill，1899~1959年）就用离体叶绿体或者叶绿体碎片进行了放氧试验，开创了离体叶绿体光合作用的研究。把光合作用的研究从细胞水平推进到亚细胞水平，并为以后深入到生物膜和大分子水平开辟了道路。

希尔发现，离体的叶绿体或者叶绿体碎片，在日光下含水的介质中能引起外加物质（作为氢的受体）的还原作用，同时释放出氧。这就是说，在叶绿体把二氧化碳和水制成糖和氧的过程中，光能转变成化学能是基本反应。它包括水的光解，基本产物是 H 和 OH。其中 OH 最后产生光合作用释放出氧，而 H 跟一个受体结合以后成为二氧化碳或者它的衍生物的还原剂。这个反应的基本特点是能够放氧，但是不能还原二氧化碳。所以它并不需要二氧化碳的存在，只要求有适当的氢受体。例如，三磷酸吡啶核苷酸（TPN）就是一种氢受体。当氢受体加入制品的时候，在日光下它的放氧速度可以达到同生活植物最高光合率同等的地步。希尔的试验阐明了光反应的基本过程，初步打开了光合作用这个"黑箱"。

20 世纪 50 年代以来，经过美国植物生理学家阿侬（D. I. Arnon）等人的工作，发现光合作用的光反应在叶绿体的囊状体片层内进行，暗反应在叶绿体的基质内进行。光反应是一个复杂的过程，包括原初反应、电子传递和光合磷酸化；暗反应主要是碳循环。叶绿体在光照下可以得到相当多的三磷酸腺苷（ATP），并且认为它大概是希尔反应分解水所产生的还原物和氧化前体的逆转。因此，整个光反应过程除了水的光解，产生还原性物质（TPNH，一种还原态的辅酶）和放出氧以外，还有高能物质——三磷酸腺苷的形成。后一反应也叫光合磷酸化作用。

20 世纪 40 年代同位素示踪法的应用，进一步揭示了光合作用这个"黑箱"的内部过程，具体地阐明了暗反应过程二氧化碳被固定的基本途径。1941 年，美国植物生理学家鲁宾（S. Ruben）等利用含有标记氧同位素（^{18}O）的水培养单胞藻，它在光照下放出的气态氧中含有 ^{18}O，这清楚地证明释放的氧是来自水而不是二氧化碳。如果应用 ^{18}O 来标记二氧化碳（$C^{18}O_2$），实验证明二氧化碳里的氧全部进入有机化合物里。1948 年，美国植物生理学家卡尔文（M. Calvin）、本森（A. A. Benson）和巴沙姆（J. A. Bassham）等用放射性碳（^{14}C），配合纸层析分离（一种色层分析方法）和放射自显影法❶，用大量实验证明，二氧化碳进入叶绿体后，和一个五碳糖（即二磷酸核酮糖）结合，形成一个六碳化合物，然后分解为两个三碳化合物。可见，光合作用第一个可以识别的产物是三碳化合物——磷酸甘油酸，而这个三碳化合物恰恰是糖在呼吸过程中分解成二氧化碳和水时候的中间产物之一。这意味着在光合作用的碳素同化中，从磷酸甘油酸形成糖，是顺着呼吸作用从糖形成磷酸甘油酸的逆过程进行的。20 世纪 60 年代以后根据研究发现，有些热带、亚热带植物如甘蔗、玉米等光合作用的暗反应部分，最初产物不是三碳化合物，而是草酰乙酸和苹果酸这两个四碳化合物。通过四碳途径同化二氧化碳更加有效。

此外，卡尔文等人在光照条件下把 $^{14}CO_2$ 供给细胞，可以立刻在细胞里发现有 ^{14}C 标记的磷酸化戊糖（二磷酸核酮糖），从而证明它是二氧化碳的受体。以后，二磷酸核酮糖经过许多中间产物，最后形成六碳糖。在这里，有碳的循环过程。也就是说，光合作用的第一个产物——磷酸甘油酸，可以由光反应所产生的那些还原剂还原，一部分形成糖和细胞里的其他成分，但是大部分将经过一系列步骤再生成二氧化碳的受体——二磷酸核酮糖。这个反应程序叫做卡尔文循环或者光合碳循环。借助于这种碳的循环反应，二磷酸核酮糖可以重新形成，因此糖能得到不断合

---

❶ 放射自显影是用放射性示踪元素标记诸如叶绿体等结构，上覆感光乳胶所产生的显影。放射性标记使乳胶感光，因此可以揭示乳胶下结构的形状和大小。

成。当然，这些化学反应过程都是在各种酶的调控下进行的，而它的能量供应都来自体内光合磷酸化产生的 ATP。

这样，经过卡尔文等人的工作，光合作用暗反应过程的基本途径就搞得很清楚了。

光合作用是发生在机体里的复杂生物化学过程。它的产生和完成跟有机体担负这一功能的特殊结构紧密联系在一起。光合作用的早期研究者已经注意到，植物吸取二氧化碳的现象和叶绿体存在联系。1865 年，德国植物生理学家萨克斯发现叶绿素局限在一些比细胞还小的物体，后来叫做叶绿体的细胞器里。现在，我们已经知道叶绿体是真正进行光合作用的部位。它在电子显微镜下是一种片层膜状结构。层膜内有许多光合色素，特别是叶绿素 a 和叶绿素 b。它们的作用就是把光能吸收进来，直接用于有机物的合成。这个过程很复杂，要经历许多中间步骤才能把二氧化碳还原为葡萄糖。

1882 年，德国植物生理学家恩格尔曼（T. Engelmann，1843～1909 年）用能产生显微光谱的显微镜进行实验，证实叶绿体能吸收光，在光合作用中具有重要的作用。但是，叶绿体中的叶绿素并不完全相同地吸收全部色光。正如他所指出的，光谱的所有部分并不是同等激活叶绿体的，红光最有效，紫光差一些，其他部分的光谱几乎全都无效。

关于叶绿体的结构问题，20 世纪以来获得了重大突破。人们应用电子显微镜、各种精密仪器和生化技术等先进手段，发现叶绿体原来是一种膜状构造。它有内外两种膜，外膜是叶绿体同细胞其他部分分开的膜；内膜是叶绿体内部的片层膜，它和叶绿体的能量转化功能有密切关系。这种在叶绿体内部间质中分布着的片层膜状结构，也叫做类囊体。所有的光合色素、电子传递体和有关能量转换的酶系，都分布在类囊体膜上。光能被叶绿体吸收以后，通过片层膜一步一步地转化成电能和化学能，并且把它储存在化合物的化学键里。但是，人们对这个能量转化的机理，以及叶绿体在其中的作用还不是很清楚。20 世纪 60 年代初，有人提出在叶绿体中存在着两个光化学系统和两个色素系统的假说。这个假说来自爱姆生的双光实验的结论："当波长比较短的时候，量子效率是一个常量，当波长超过某一值（爱姆生的实验是 680 毫微米）的时候，量子效率迅速降低，产生红降。当有一短波背景光的时候，开始产生红降的波长向长波方向移动，产生增益效应。"在进一步解释这种现象的时候，爱姆生和希尔等认为，叶绿体里存在两个色素系统，它们的功能是不同的，一种专门吸收长光波，一种专门吸收短光波。它们各自单独作用的时候，量子效率（就是叶绿体的光合效率）都比较低，因为只有一个色素系统起作用。当它们同时发生作用的时候，量子效率就增高了。这样他们就很好地解释了双光增益效应的现象。近年来，对叶绿体的亚显微结构进行解拆、分离和重组，已经分别获得光系统和光系统的颗粒，并且能把它们重新结合起来恢复原有功能。这样就不仅直接证实了两种光系统的存在，而且也为进一步研究它们的特性和探讨它们之间的联系，创造了很好的条件。随着科学实验的发展，可以预期科学家们必将更加深刻地认识光合作用的本质及其规律。

● 光合作用的意义

光合作用对于生物界和我们人类都具有很重要的意义。我们知道，在绿色植物出现之前，地球表面的大气并不含有游离氧，而是一种还原态的大气。只是在绿色植物出现并占优势之后，由于光合作用的放氧过程，不断地向大气输送氧气，才改变了大气的成分，使它含有 1/5 的氧气。这样的大气环境，对于高等动物和人类的出现无疑是极为重要的。

此外，在动物的生活和物质的燃烧过程中，都要不断地消耗氧气和排放二氧化碳，因此如果没有光合作用的吸碳吐氧，大气中的二氧化碳含量就会不断增加，而氧气的浓度则会逐渐降低。这样地表大气中二氧化碳和氧气的浓度就不能维持在一定的水平上，其后果是不堪设想的。

光合作用的主要产物是糖类。它不仅是组成生物的基本物质，而且还能提供大量的能源，如葡萄糖的燃烧热为 2 807 千焦/摩尔，而二氧化碳的燃烧热为零。因此，当二氧化碳还原葡萄糖时，化学潜能是大大增加了，这是由于光合作用把太阳能转化为化学能的结果。

为此，俄国生理学家季米里亚席夫（K. A. Timiryazev，1843～1920 年）在论及植物的宇宙作用时曾形象地指出，植物是天空和地上的桥梁；它是真正盗取天火的"普罗米修斯"。由它所吸收的太阳光燃烧着若隐若现的松明，也燃烧炫目的电光火花。

动物、非绿色植物和细菌等，都不能自己制造养料，只能直接或间接地从绿色植物那里得到食物和能量。因此，从这种物质转变和能量转变过程来看，光合作用是生物界中最基本的物质代谢和能量代谢，它为地球上的生物提供了丰富的养料和能源。

不仅生物维持生命活动的能量——食物，全部是直接或间接来自植物的光合作用，而且我们工农业动力用的能量——燃料，也是现在或多年前通过植物的光合作用所积累下来的。因此，光合作用这个规模最大的能量转换过程，是世界上动力的主要来源。

但迄今为止，人类对太阳能的利用还很有限。有人做过一些统计，每年到达地球表面的太阳光能量约为 3×10^{24} 焦耳，光合作用固定的碳（2×10^{11}吨）仅为太阳能的千分之一。面对这种情况，设法提高光合作用的效率，增加农作物的产量是一个亟待解决的课题。如何提高光合作用的效率，最容易想到的办法就是密植、轮作、套种和间作等。此外，增加二氧化碳的浓度也可以提高光合作用而增产。但这些都不是简单的问题，要好好研究，处理得当，才能达到预期的目的。

在能源短缺的今天，光合作用在能源开发的问题上也是引人注目的。最直接的是利用现有的植物做燃料，为此有很多人提出建立所谓"能量农场"，利用一些速生树木、水草和水藻等来发展燃料，等等。与光合作用最接近而且最理想的办法，是利用太阳光来分解水放出氢气，用氢做燃料。这样，能量来源是现成的太阳能，原料是极为丰富的水，燃烧之后的产物又是水，可以反复使用，而且没有污染问题。因此，利用太阳光分解水产生新燃料——氢，就成为今天值得重视的研究课题。

第十章

细胞结构和生物大分子研究新成果

● 细胞结构知识的更新

自 17 世纪 60 年代由于光学显微镜等新工具的应用，发现细胞一直到细胞学说的建立，在这 170 多年间细胞学的研究进展并不快。胡克在自制的显微镜下看到的细胞是一个个四周有壁的小室，这种只重视细胞壁而不重视内含物的观点，一直延续了很长时间。

20 世纪 20 年代中期，美国细胞学家威尔逊（E. B. Wilson，1856～1939 年）在他的《发育和遗传中的细胞》（1925）一书中，提供了光学显微镜下的细胞模式图，包括细胞膜、细胞核以及细胞质内的主要细胞器和内含物。虽然当时细胞学的研究还是以形态为主，但也不难看到，科学家们已经开始关注细胞内含物了。

19 世纪四五十年代，人们认识到细胞是由细胞膜、细胞质、细胞核三大部分组成的。1848 年，霍夫迈斯特（F. Hofmeister，1850～1922 年）在紫鸭跖草花粉母细胞中看到了核的消失和球状小体的出现，但他没有给予其新的名称，直到 1888 年才由沃尔德耶（W. Waldeyer，1836～1921 年）把这些染色小体命名为染色体。其后人们又将注意力转到细胞质中，如鲍维里（T. Boveri，1862～1915 年）在细胞质中发现中心体、阿特曼（Altmann）发现了线粒体、高尔基（C. Golgi，1843～1926 年）发现了高尔基体。但是从总体上说，人类对于细胞的研究仍然停留在细胞膜、细胞质、细胞核这三个经典的层面上。

直到 20 世纪 30 年代，由于电子显微镜的问世和 50 年代超薄切片技术的诞生，有关亚细胞结构的深入研究才蓬勃发展起来。

亚细胞结构主要是指次于细胞水平的结构。对细胞里各种细胞器的细微结构的了解就属于亚细胞水平的研究。细胞器一词是 20 世纪引入原生动物学中的，它专门指单细胞生物具有特殊形态和功能的部分，例如眼虫的眼点等。后来由于电子显微镜等新技术的问世，关于细胞的知识迅速增长并被详细记述下来，细胞器的概念就远远超出了原有的范围。现在，人们对细胞器下的定义是：具有某些明确功能、特殊化学组成和特有形态特点的细胞部分。关于这方面的研究，也叫做超显微形态学。

超显微形态学的研究表明，在电子显微镜下真核细胞与威尔逊的细胞模式图相比，有很大的差别，人们发现膜是细胞的基本结构。不仅细胞里的各种细胞器（如叶绿体、线粒体等）是一个膜状结构体，而且细胞质本身也是结构相当复杂的膜状体系。在细胞质中有许多被膜包围的空腔，它们大小不等，有的呈小管状，有的呈囊泡状，彼此相连，交织成网，叫做内质网。内质网跟线粒体、核膜等都属于细胞的内膜系统。内质网不只局限在细胞质里，它也可以延伸到外缘和细胞膜相连接。

细胞膜本身也是膜状结构体。它由按一定规律排列的蛋白质和脂类分子组成。根据细胞膜里所含蛋白质和脂类分子排列分布的可能情况，以及用电子显微镜所看到的膜的形态结构，人们曾经提出过几种有关细胞膜结构的假设和模型。比如有一种假设认为，细胞膜主要是由两排脂类分子组成，在双层脂类分子的内外两侧各有一层蛋白质分子和它结合在一起，形成一种由蛋白质—脂类—蛋白质构成的三层结构。这种细胞膜结构的模型一般简称为"单位膜"。

近年来，又有人根据一些新的实验提出细胞膜的液态镶嵌模型。这种模型认为，构成膜骨架的脂类不是固态物质，而是可以活动的液态物质，另外，构成细胞膜的蛋白质分子也不是平行排列在脂类分子内外两侧表面，而是用球状的形式镶嵌在脂类分子双层里，或者附在它的表面。形象些说，脂类双分子层像是一个茫茫的大海，蛋白质就像一个个冰山，在其中漂流。显然这种模型把膜看作是一个动态系统而不是固定不变的结构。

总之，从超显微形态学的观点来看细胞的结构，整个细胞就像一种复杂的膜系统串联在一起，细胞表面的细胞膜和细胞质中的内膜（内质网、线粒体膜和核膜等）是相互联系的，使细胞的各个组成部分在形态和功能上联成一个完整的统一体。

20世纪六七十年代，科学家们综合遗传学、细胞生物学、分子生物学等方面的成就，将细胞的生物学特点概括为：从信息的观点看，细胞是遗传信息和代谢信息的储存系统和传递系统；从化学的观点看，细胞是从小分子合成复杂高分子，特别是核酸和蛋白质的系统；从热力学的观点看，细胞是一个内部有能量流动又保持整体动态平衡的开放系统。显然，这种认识与过去相比，不仅在结构上深入到新的层次，而且从功能上反映了生命活动的本质，堪称应用现代生物学研究成果更新细胞知识的典范。

此外，最近几年来，对于真核细胞的染色体结构的研究，也有很大的进展。早在 19 世纪中叶，斯特拉斯伯格和弗莱明等借助于染色技术，就已经发现在细胞核里散布着一种容易被化学染料着色的微粒状物质。他们称之为染色质。1888 年，德国解剖学家沃尔德耶又给它取了一个专门的名称——染色体。经过化学分析得知，染色体是由脱氧核糖核酸（DNA）和蛋白质组成的。过去一般认为蛋白质在外，DNA 在内。20 世纪 70 年代以来，实验证明事实恰恰相反，是蛋白质在内，DNA 在外。一个 DNA 分子大约每 200 个碱基对和 8 个组蛋白亚基结合起来，形成一种念珠状的结构，叫做核小体。在这里，组蛋白分子互相作用形成核小体的芯部，DNA 缠绕在它的外面。许多核小体连成一串就形成用 DNA 做骨架的染色丝。染色丝是染色体结构的一种基本形态单位。

正如没有显微镜就不可能有细胞的发现一样，没有电子显微镜等新技术的应用，也就不可能有人们对于亚细胞结构的认识。随着分子水平的细胞学研究的进展，人们会越来越多地了解有关细胞的知识。

● 耐人寻味的非细胞形态

细胞虽然是现存生命的基本单位，但它绝不是唯一的或最原始的生命形态。从现有的资料来看，有一些生命形态并没有典型的细胞结构，属于非细胞的生命形态，如病毒（virus）。

病毒是在 19 世纪末发现的一种微生物。1892 年，俄国细菌学家伊凡诺夫斯基（D. Ivanovsk，1864～1920 年）在研究烟草花叶病的时候，发现把病叶的汁液滴在健康的烟叶上，能使它得病。同时，他观察到这种病菌通过了孔隙很小的滤器。当时，他认为是滤器有毛病，才让细菌通过了。1897 年，荷兰著名的细菌学家贝杰林（M. W. Beijerinck，1851～1931 年）重复了这个实验，他断定这种能通过滤器的病菌，是一种新的感染性物质，并进一步把它命名为病毒。

1935 年，美国生物化学家斯坦莱（W. M. Stanley，1904～1971 年）和英国生物化学家鲍登（F. C. Bawden）首次提纯烟草花叶病毒，还得到了它的结晶体。从此以后，病毒的研究进展很快，取得了越来越多的成就。目前已经有病毒学专门研究病毒的形态、构造、增殖、遗传、变异等生物学特性，以及病毒发生、发展的规律。

根据现有资料，不论是动物病毒、植物病毒还是细菌病毒（也叫噬菌体），它们都没有典型的细胞结构，形态很小，只有 $0.08～0.3$ 微米，而且结构简单，外面是由蛋白质组成的外壳，里面包含有核酸。病毒是在细胞内寄生的，离开了细胞，病毒没有任何生命表现，好像是一个无生命的颗粒。病毒本身没有一套完整的酶系统，也没有建造新病毒所需要的原料。但是一旦病毒进入细胞，它就能够利用细胞的原料，改变细胞的代谢途径，使细胞不再合成细胞本身的原生质，而产生病毒。

1955 年，美国生物学家康拉脱（H. F. Conrat）和威廉斯（R. C. Williams）开创了病毒的拆合工作。他们把烟草花叶病毒作轻度化学处理，把它分解成 2 200 个片断（每个片断的分子量是 18 000，它是由 158 个氨基酸组成的肽链）。当他们把这 2 200 个被分解出来的片断聚合在一起的时候，就形成了一个由肽链组成的 130 圈螺旋形蛋白质，中间是一个长而直的空腔，里面装有核糖核酸（RNA），组成了一个在化学上和生物学上跟正常病毒没有区别的颗粒，也就是说，它们能够重新自我装配起来。

1971年，瑞士科学家第纳尔（T. O. Dienner）从马铃薯的病态纺锤块茎中分离出一种病原体。他把这种病原体叫做类病毒（viroid）。类病毒比已经知道的病毒小80倍，只由小分子的核糖核酸（分子量是75 000～85 000）组成，没有蛋白质外壳。但是，类病毒和病毒一样，只有在活细胞里才能表现出生命现象。

虽然现今生存的病毒、类病毒一类非细胞生命形态的生物，是原始类型还是次生类型目前还没有定论，但是可以推断，早期的生命形态可能是非细胞形态的。非细胞形态的生命在地球上出现以后，经过长期的演化就逐步转变为细胞形态的生命。

在现在存活的细胞生命形态中，迄今所知，类胸膜肺炎类生物（Pleurepneumonia Like Organism，PPLO）是最简单、最小的一种。PPLO也叫支原体（mycoplasma），在1898年首次从病牛体中分离出来的。此后又从多种动物体中分离出几十种支原体，其中有些是致病的，有些是不致病的。它的结构类似原核生物，有细胞膜和核糖体，含有DNA和RNA两种核酸和各种酶蛋白，但无细胞壁。由于PPLO既有像病毒那样能通过滤器的特性，又有像细菌那样在培养基上自由生活的能力，因此，有些人认为它是介于病毒和细菌之间的过渡生物。

细胞的起源同生命的起源一样，也是远没有解决的问题。近年来，科学家们在细胞起源问题上做了许多探索性的工作，有的从生物膜做起，逐步复杂化，试图在了解生物膜的组成、结构和功能的基础上，阐明膜的起源和形成过程；有的从比较真核细胞和原核细胞的主要差别入手，认真研究在真核细胞起源过程中，细胞核和细胞内膜的出现，由近及远，逐步过渡到探索原始细胞膜的形成问题；还有的从分子水平、亚细胞水平和细胞水平研究细胞的结构和功能的关系，目的在于了解什么样的组织结构才具有生命现象，从而为人工模拟合成简单的细胞创造条件，开辟道路。

● 蛋白质的结构和生物学功能

　　对生物体微观结构和它的功能的研究，最终总是要涉及蛋白质和核酸这两类生物大分子的。因为离开这些生物大分子，既不能真正找到生物体内在结构的特征，也不能充分理解任何生命现象的真谛。在生物大分子方面，化学家的工作做得最多，他们的研究成果为分子水平的生物学研究奠定了坚实的基础。

　　关于蛋白、血清、羊毛、奶渣和明胶等物体的经验知识，可以看做是蛋白质研究的起点。早在1820年，化学家勃莱孔诺（Braconner，1781~1855年）就从明胶的水解产物中分离出有甜味的物质，他称之为明胶糖。1848年，柏齐里乌斯又把它叫做甘氨酸。这是最简单的氨基酸，也是最早作为蛋白质的水解物被发现的。以后，人们从各种类型的蛋白质水解产物中陆续分离出许多种氨基酸，并且认识到氨基酸是蛋白质的基本组成单位。但当时，人们还不知道任何一种蛋白质的确切组成成分和结构。

　　荷兰化学家马尔德（G. J. Mulder，1802~1880年）是对蛋白质进行系统研究的先驱者。他在19世纪30年代，应用当时的元素分析法研究了丝蛋白、血纤蛋白和明胶等物质，并且用"蛋白质"（意思是第一重要的）一词来表述这些物体。马尔德还认识到蛋白质在生命活动中所起的重要作用。他在1844年到1851年完成的《普通生理学》一书中说："蛋白质是非常复杂的物体之一，在不同的环境下能够改变它的成分……调节化学的代谢作用。……它无疑是活体中最重要的已知成分，并且它显示出，没有它生命就不能存在。"从这以后，对蛋白质的研究越来越引起人们的重视。

1902 年，德国化学家费歇尔（E. F. Fisher，1852～1919 年）提出蛋白质的多肽结构学说，是蛋白质研究史上一个重大的转折点。这个学说解决了组成蛋白质的基本单位——氨基酸是怎样连接起来的问题。费歇尔根据他的研究指出，蛋白质中一个氨基酸的 α—氨基（$-NH_2$）和它邻近的氨基酸的 α—羧基（$-COOH$），是通过脱水作用形成肽键（$-CONH$）连接起来的。因此，蛋白质分子是由许多氨基酸残基组成的多肽链，其中每个氨基酸残基都是通过肽键和下一个残基相连接。到 20 世纪 30 年代，人们进一步认识到组成蛋白质分子的肽链是有一定长度的（从几十个到几百个残基），而且组成各种蛋白质的基本氨基酸的相对比例也是各不相同的。

1945 年，英国生物化学家桑格（F. Sanger）和他的同事们，开始了一系列关于胰岛素的化学结构的研究。他们经过长达 10 年的努力，终于在 1956 年测出牛胰岛素中全部氨基酸的顺序，这是一个重大的突破。之后，很多种蛋白质的氨基酸顺序都被测了出来。

在 20 世纪 50 年代，美国化学家鲍林（L. C. Pauling）和科里在蛋白质结构的结晶学测定方面也取得了重大的成果。1951 年，他们搞清楚了在蛋白质分子中肽链的一种最稳定的构型是螺旋状，每隔 3.6 个氨基酸单位，螺旋就上升一圈。在螺旋结构中，圈和圈之间是靠氢键来固定的。现在我们已经知道，蛋白质分子之所以能用折叠、卷曲的方式形成多种多样的空间构型，是由分子里的一些弱键如氢键等造成的。假如弱键在同一条多肽链上发生，就形成螺旋结构；如果弱键在不同的多肽之间形成，就表现为片层结构。

在蛋白质分子空间结构的研究方面，又一个杰出的成果是英籍奥地利化学家佩鲁茨（M. F. Perutz）和英国生物化学家、物理学家肯德鲁（J. C. Kendrew）研究得出的。X 射线衍射技术在这里发挥了巨大的作用。早在 20 世纪 30 年代，佩鲁茨就试图用 X 射线衍射技术来解决马血红蛋白的空间结构问题。经过 25 年的努力，他终于在 1957 年搞清楚了马血红蛋白的空间结构。他的同事肯德鲁用了 14 年时间研究鲸肌红蛋白的空间结构，也在 1959 年获得成功。据 1973 年的统计，目前已经有几十种蛋白质的空间结构被测出。蛋白质分子空间结构的测定，对于了解蛋白质的生物学功能是十分重要的。它不仅告诉我们这些蛋白质分子是怎样的分子，而且还将说明这些分子是怎样工作的。

在蛋白质的研究史中，认识到酶是一种蛋白质也是一个重要的里程碑。自 1897 年布希纳从被打碎的酵母中提取有发酵作用的酿酶以来，人们又发现了不少酶的作用，但是还不知道酶究竟是什么样的物质。当时很多生物化学家猜测酶是蛋白质，因为稍稍加热它们的性质就会受到破坏，就像使蛋白质变性那样。但是，德国化学家威尔斯塔特（R. Willstatter，1872～1942 年）却认为通过已去掉了所有蛋白质的酶溶液仍然表现出明显的催化作用这一点可断言酶不是蛋白质，而是一种比较简单的化学物质，酶不过是利用蛋白质作为"载体分子"罢了。威尔斯塔特这种看法后来受到了科学实验的反驳。1926 年，美国科学家萨姆纳（J. B. Sumner，1887～1955 年）从豆粉中提取出脲酶的结晶，发现它的溶液显示出脲酶的性质，能催化尿素分解成二氧化碳和氨。他无法把蛋白质和酶分开，就确认脲酶的结晶是蛋白质的晶体。这个发现对于理解细胞功能的化学基础，认识蛋白质在生命活动中的地位是十分重要的。蛋白质不仅是生物体的主要组成成分，而且还有催化体内生物化学反应的重要作用。

早在 19 世纪 80 年代，恩格斯就指出："只要把蛋白质的化学成分弄清楚，就能着手制造活的蛋白质。"❶ 一个世纪以来，人们对蛋白质已经了解得相当清楚了。在这个基础上，科学家试图用人工方法合成蛋白质。1958 年，我国科学工作者开始用人工方法合成胰岛素，经过几年苦战，终于在 1965 年 9 月 17 日获得成功，并且所得的牛胰岛素晶体和天然的胰岛素完全相同，迈出了人工合成蛋白质的第一步。这在科学发展史上具有十分重大的意义。继我国第一次人工合成蛋白质之后，又有一些蛋白质宣布被合成了。例如，1969 年美国的梅里非尔德（R. B. Merrifield）和登克沃尔特（R. G. Denkewalter）等合成了含有 124 个氨基酸的核糖核酸酶。

● 核酸的结构和生物学功能

核酸，于 1869 年由瑞士化学家米歇尔（F. Miescher，1844～1895 年）发现。当时他为了弄清楚细胞核的化学性质，着手进行对脓细胞和鲑鱼精细胞的分析。他先用盐酸处理脓细胞，再用稀碱分离出核，经过沉淀以后，他分析其中成分，发现氮和磷的含量特别高。米歇尔把这种新发现的物质叫做核酸。这是有关核酸的最早资料。米歇尔虽然发现了核酸，但是并不清楚它的化学结构和生物学功能。

了解核酸的化学成分，是 20 世纪 20 年代以后的事情。经过德国生物化学家柯塞尔（A. Kossel，1853～1927 年）和美国生物化学家莱文（P. A. Levine，1869～1940 年）等人的工作，人们认识到核酸是由碱基、戊糖（也叫五碳糖）和磷酸三个部分组成的。其中碱基主要有腺嘌呤（常用 A 来代表）、鸟嘌呤（常用

❶ 恩格斯. 自然辩证法［M］. 北京：人民出版社，1971：177.

G 来代表）、胸腺嘧啶（常用 T 来代表）和胞嘧啶（常用 C 来代表）等。戊糖（含 5 个碳原子的碳水化合物）有两种：核糖和脱氧核糖。根据所含糖成分的不同，核酸又分成 RNA 和 DNA 两种。RNA 中含有核糖，并且它的胸腺嘧啶碱基被尿嘧啶碱基（常用 U 来代表）所代替。DNA 的糖成分是脱氧核糖，碱基中没有尿嘧啶。

20 世纪 30 年代以来，莱文和托德（T. R. Todd）等人还进一步搞清楚，在核酸分子里碱基和糖结合成核苷，然后核苷中的糖再跟磷酸相连接，形成核苷酸。核苷酸是核酸的基本结构单位。在核酸分子中，每个核苷酸是由磷酸二酯键相互连接起来的。但是由于当时分析水平不高，用强酸分离得到的核酸常常是小分子（分子量是 1 357），并且碱基的定量也不精确，因此，人们误认为在核酸中 4 种核苷酸的总量是相等的，还推断出核酸的化学结构是：含有 4 种不同碱基的 4 个核苷酸相互连接成一个分子，这个分子再聚合成一个核酸大分子。这就是早期有关核酸结构的所谓四核苷酸假说。按照这个假说，核酸是单调的分子，像糖类、脂肪那样，只是某种相同亚基的简单重复，不具有多样性。四核苷酸假说在相当长的时间里，阻碍了人们去认识核酸是遗传物质的承担者。

20 世纪 40 年代以后，由于艾弗里（O. T. Avery）、麦克劳德（J. Macleod）和麦卡第（McCart）等人的工作，人们才逐步认识到核酸具有遗传的作用。有关这方面的内容和对核酸研究的新成果，我们将在后面 DNA 遗传功能的阐明与生物学的第二次革命一章中叙述。

第十一章

辅助生殖技术及其伦理学问题

● 生物传宗接代的方式

纵观生物界，大家都明白一个无可争辩的事实，那就是世界上没有长生不老的生物。"生就意味着死"，这是充满哲理的格言，也是生物界现实的写照。

"神龟虽寿，犹有竟时"。那么生命是怎样延续下来的？要回答这个问题，首先要提到生物的繁殖功能。不管何种生物在其个体生命结束之前，总会以某种方式繁衍与自身相似的后代，把个体的生命转化为种族的生命，实现生命的延续。如果生物没有繁殖的功能，很难想象会有今天生命世界的存在。

生物的繁殖可分为无性繁殖和有性繁殖两大类。

通过一个个体或个体的一部分来生殖后代的生殖方式称为无性生殖，如分裂生殖、出芽生殖、营养生殖和孢子生殖等。这些无性生殖方式所产生的新细胞都是由老细胞产生的，保留着与其亲本相同的遗传基因。因此，子代继承下来的遗传性与亲本基本上是相同的，有利于亲本优良特性的保存。另外，无性繁殖没有胚胎发育阶段，生长发育的过程比较迅速。无性生殖的这些特点早已为人们所发现并在农业生产中广泛应用。

有性生殖与无性生殖不同，它必须经过两个细胞的结合，才能产生新个体。这两个结合的细胞叫做配子。配子有雌雄两性的分化。同性配子之间是不能结合的，只有通过雌雄配子的结合才能长成新个体。这些配子在成熟过程中，它们的染色体要经过减数分裂，其染色体减少一半，成为单倍体。以后经过受精，雌雄性细胞的结合形成合子，才使细胞染色体恢复到原来的二倍体。一半来自父本，一半来自母本，因此其子代兼有父母双方的遗传特性。

可以说，有性生殖是要经过减数分裂和受精作用来完成的一种生殖方式。它与无性生殖不同，可以产生许多新的个体特性。高等植物、动物（包括人类在内）都是以有性生殖方式繁衍后代的。

值得注意的是，在哺乳动物的有性生殖过程中，精子要在雌性生殖管道（阴道、子宫或者输卵管）内至少要等待几小时才有受精能力。这种现象叫做精子获能。它在生殖生理中是一个极为重要的现象，是打开哺乳动物体外受精的门扉。20世纪50年代，我国生理学家张明觉（1909～1991年）用卵子移植技术，将兔子交配后由子宫内回收的精子，再与卵子在体外受精，然后将受精卵移植到另一只母兔的输卵管内，借腹怀孕，成功地生出仔兔（1959）。这个实验证实了哺乳动物卵子在体外受精能够成功，同时也为之后试管婴儿的诞生奠定了基础。

● 辅助生殖技术的应用

自然的人类生殖过程，是由性交、输卵管受精、植入子宫内妊娠等步骤所组成的。现在随着生命科学和医学的进步，人们已经有可能应用某种人工技术手段来代替自然生殖过程的某一步骤，而达到妊娠和娩出婴儿的目的。人们把这种技术称为辅助生殖技术（Assisted Reproductive Technology，ART）。如"人工授精"和"体外受精—胚胎移植"，就是当今主要的辅助生殖技术。

人工授精。它是用人工方法将丈夫或供体的精子注入妻子宫腔内，以期受孕的辅助生殖技术。这种技术主要是用于男性不育症所引起的问题。人工授精所使用的精液可以是丈夫的，也可以是供体（第三者）的，如果是用丈夫的精子人工授精，叫做同源人工授精（Artificial Insemination by Husband，AIH）。如果是用供体的精子人工授精，叫作异源人工授精（Artificial Insemination by Donor，AID）。当丈夫由于某种心理上或生理上的困难，不能通过性交受精或者是丈夫患有精子缺少症时，都可以用 AIH 技术来解决。如果丈夫患有不育症或有严重的遗传病等情况，则需要用 AID 技术来解决。

1790 年，英国医生约翰·亨特（John Hunter）将一位尿道下裂患者的精液采集后，注入患者妻子的阴道内而使其成功受孕，这是世界上最早的人工授精。1890 年，美国医生杜莱姆逊（R. L. Dulemson）将人工授精应用于临床，但由于传统观念的束缚，步履艰难，直到 20 世纪 60 年代以后才普遍开展起来。目前，全世界通过人工授精得到子女的已达到 100 万人以上。

人工授精只解决男性不育问题，而女性不育则要用体外受精—胚胎移植（In Vitro Fertilization and Embryo Transfer，IVF - ET）技术来解决。妇女不育的主要原因是输卵管堵塞或异常。世界上第一个通过 IVF - ET 产生的婴儿（即试管婴儿）是路易斯·布朗（Louise Brown）。她生于 1978 年 7 月。路易斯的父亲叫约翰·布朗，是火车司机；母亲是家庭妇女。由于她母亲的输卵管堵塞，结婚后 7 年都没有生孩子，只好请求当地妇科医生斯蒂普托（P. Steptoe）对他们进行 IVF－ET 计划。这位医生首先用吸针从母亲体内取出成熟的卵，放置在盛有特殊培养液的玻璃试管里，然后将布朗的精液也放入这个试管中。当发现精卵已经结合成受精卵时，即把它移入到母亲的子宫壁上，直至其发育为成熟的胎儿而分娩。

第一个试管婴儿问世之后，更多的试管婴儿在世界各地诞生。1985 年 4 月，中国第一例试管婴儿诞生在台湾。1988 年 3 月，中国又一例试管婴儿诞生在北京医科大学附属第三医院。有人估计目前全世界用 IVF－ET 出生的试管婴儿已经达到 25 万名以上，并且第二代、第三代试管婴儿均已诞生。

● 辅助生殖技术所引发的伦理学问题

人工授精技术能够解决某些人的不育或不宜生育的问题，对于他们来说确实是一个福音，但由此也带来了一些伦理学方面的问题。比如说，采用 AID 手术出生的孩子可以有两个父亲，一个是养育他（她）的父亲，另一个是提供他（她）一半遗传物质的父亲。哪一个是对孩子具有道德上和法律上的权利和义务的父亲？

另外，采用 AID 手术时，要使用供体的精子，这就提出了精子的保存问题。20 世纪 60 年代，科学家发现精子可以冷冻保存在零下 196 度液态氮的 10%～15% 甘油混合液中再供使用。于是出现了贮存精子的机构——精子库。精子库的建立开辟了人工生殖的更大可能性。比如说，做输精管结扎的丈夫，在手术前可以把精液保存起来，以备后用。寡妇也可以用丈夫生前留下的精子怀孕生孩子，并将此看做是她与已故丈夫关系的延续。

接下来，在使用 AID 时，供体提供的精子是否可以作为商品？如果精子商品化则弊多利少。例如：供精者为了赚钱可能有意或无意隐瞒自身的缺陷（如遗传病等），结果把不良的基因遗传下来，后患无穷。此外，精子商品化还有可能导致其他器官（如眼球、肾脏等）的商品化，引发更多的伦理学问题（诸如出卖自己的器官、匪徒杀人夺取器官作为商品出售等）。

总的说来，人工授精在伦理学上是否可以接受，要看它是不是能够增进家庭的幸福而又无损于他人和社会。特别是在采用 AID 时，一定要采取切实有效的程序和措施，防止有可能危及家庭和社会的行为发生。此外，这种人工授精技术应只限于丈夫患有精子缺乏症、不育症、遗传病等的已婚妇女，而不得推广到未婚妇女中去。

IVF – ET 技术所带来的伦理学问题，比人工授精技术更为尖锐和突出。人工授精技术只涉及供精者的问题，而 IVF – ET 技术则还有供卵者和孕育者的问题。这样一来，它就扩大了亲子关系的概念，涉及更多的社会伦理学问题。在体外受精的情况下，按斯诺登（Snowdend）的分类，母亲可分为遗传母亲、孕育母亲和养育母亲三种，三者合而为一者为完全母亲；父亲则可分为遗传父亲和养育父亲两种，两者合而为一者为完全父亲。按照这样的分类可以有 16 种不同的组合。因此，试管婴儿就可多至 5 个父母不等。那么这些人究竟谁是在道德上和法律上合法的父母？

由于 IVF – ET 技术的应用，当妻子不能或不愿怀孕时，也可以把胚胎转移到另一个女人的子宫内去继续发育。这个代人妊娠的妇女，被称为代理母亲。很明显，代理母亲的职能是提供受精卵或为胎儿提供营养和保护。代理母亲的兴起不仅满足了不育夫妇想要有一个健康孩子的愿望，增进了家庭的和睦与幸福，同时也给代理母亲本人带来裨益。但是，如果代理母亲的动机或目的不纯，不是想帮助他人而是为了自己能从代人生孩子中赚到一大笔钱（指不育夫妇支付给代理母亲的酬金），这就无异于把子宫变成制造婴儿的"机器"。这在伦理上是可以接受的吗？

科学技术的进步往往会引发伦理问题，并对传统伦理观念产生巨大的冲击。这种冲击可以提升到科学与伦理的关系问题上来思考。追溯历史，科学技术的进步与传统伦理观念的冲突是经常发生的。一方面，科学技术作为第一生产力，它的进步本身就可能突破旧的伦理观念；另一方面，科学技术的进步又不能不遵守公认的伦理原则，只有在它的约束下科学技术才能不被滥用，沿着正确的方向前进。

科学技术的进步有正面的影响，也有负面的影响。每当生命科学研究领域出现新的技术时，科学家关心的往往是科技进步的正面影响，而伦理学家最敏感、最担心的却是科技进步的负面影响，生怕现有的秩序被干扰或打破，他们总会用传统的伦理观念来评论它的负面影响。如 DNA 重组技术、辅助生殖技术等的应用就都受到过这样那样的质疑。但是这些技术应用的实践证明，情况往往并不是如人们想象的那样糟。因为在正确的伦理导向下，科学家的责任感正在普遍加强。例如，20 世纪 70 年代 DNA 重组技术刚刚问世时，许多人不清楚这种技术会给人类带来何种后果。于是有不少科学家出于社会责任感，建议在未搞清楚其生物危害之前，暂时停止这项研究；但也有不少科学家认为不能这样做，应该自觉地行动起来及时制定防范措施和试验准则，来规范自己的行为，在科学共同体制定的《DNA 分子研究准则》约束下，继续进行重组 DNA 分子的研究。幸运的是，当时的科学家并没有选择前者，而是明智地选择了后者。实践证明，对重组

DNA 技术的潜在危害当时被夸大了，实际上它并非像人们所想象的那样可怕。20 世纪 70 年代末到 80 年代初，科学共同体一再修改准则，放宽限制，促进重组 DNA 分子的研究。正因为决策得当，在不长的时间里以基因工程为核心的生物技术得到了迅速的发展，取得了极丰硕的成果，并很快走上产业化的道路，为人类带来了巨大的经济效益和社会效益。再如，辅助生殖技术在我国应用之后，我国卫生部就在 2001 年 2 月 20 日颁布了《人类辅助生殖技术管理办法》，对辅助生殖技术的应用进行必要的管理。在自然生殖和非自然生殖并存的情况下，由于人类理性的把握，生育模式并没有向非自然生殖倾斜。实践证明，如果社会控制得当，无疑可以增大辅助生殖技术的积极作用而减少其消极作用。可见，人类文明的推进不仅要有科学技术的驱动，同时还要有人文的关怀、价值的定位、法制的规范，以及选择的勇气和对机遇的把握。

在今天多元化的社会中，虽然不可能强迫科学家接受统一的道德价值标准，但我们仍然可以从各自的国情出发，通过公开讨论、民主决策和法制的渠道，来实现社会伦理道德对科学的限制或导向作用。因为公开和民主是沟通科学家与社会公众的最好方式，而法制则是包括科学家在内的社会公众都必须遵守的普遍准则。通过公开的讨论，集思广益，在知情的情况下作出最佳的选择，最后用法律来约束，这样就可以避免科学研究误入歧途、科技成果被滥用。

看重伦理对科技的约束，并不是要把科技过分道德化。如果政府过分地限制科学探索自由的空间，完全由社会管理层来划定科学研究的范围，或者在规范科学探索方向时偏离民主和法制的轨道，那就有可能丧失科学所特有的批判理性。这样，无论是探索未知的自然科学，还是面对复杂的社会科学，都不能对社会文明的进步，以及道德的完善提供充足的理性营养，从而不利于社会在以科技为主导的进步中确立新的文明秩序和树立新的道德界标。

由此观之，尽管辅助生殖技术也会带来一些与传统观念相冲突的伦理学问题，但就其技术本身而言在道德上应该是容许的。生殖技术与其他新技术一样总有积极的一面，也有消极的一面，这有赖于社会控制来协调。

从历史看今天，科学技术的进步是无法阻挡的，社会伦理道德和法律并不是永恒不变的。不管人们愿意与否，当今的社会和生活方式与价值观念等，都已经或正在被生命科学研究的成果改造着，并深刻地展示出一幅生命科学的发展与社会进步相互作用的复杂图景。这一切预示着人类认识自身的新阶段正在到来。

我们相信，只要尊重科学，重视伦理道德的导向和支撑作用，充分发挥人类的理性和智慧，化解生命科学和生物技术的进步与传统观念的冲突，健全社会调控机制，坚持"兴利除弊"的原则，做到既崇尚科学又不背离理性，既崇尚价值又不有悖于伦理道德，这样，辅助生殖技术等生物技术的应用与人们传统的伦理道德观念的调整，将会使两者和谐地结合起来，共同推动人类文明的进步。

第十二章

脑科学的过去、现在和未来

● 脑科学是研究什么的

综观生物界，能运动的生物不一定有神经，但是有神经的生物一定善于运动；就发生的次序来说，也是先有运动而后有神经系统。可以说，神经是由于运动而产生的。

最初，腔肠动物开始分化出神经细胞，它们的神经细胞互相连接成网状，称为网状神经系统。之后，随着动物的进化，神经系统也发展起来，经过扁虫的梯状神经系统，环节动物的链状神经系统，直到完备的脊椎动物的管状神经系统，神经系统逐步走向集中和明显的复杂化。当"神经系统发展到一定程度的时候，便占有整个身体，并且按照自己的需要来组成整个身体"[1]。

神经系统是由大量的神经细胞组成的。虽然神经细胞和其他

---

[1] 恩格斯. 自然辩证法 [M]. 北京：人民出版社，1971：285.

的细胞一样有相同的生物化学装置和相同的一般结构，但也有其不同于其他细胞的独特性质和形状。意大利细胞学家高尔基（C. Golgi，1843～1926 年）将脑组织切成薄片用银渍染色法染色，首次观察到了神经细胞。1838 年，波希米亚生理学家普金叶（J. E. Purkinje，1787～1869 年）报道了他观察到的轴突以及神经胞体，并提出了细胞体相当于能量发生器，神经纤维相当于能量传输器的见解。后来，经过许多人的努力，学者们把神经细胞分为三个部分：胞体、树状突和轴状突。

1871 年，盖拉赫（J. von Gerlach，1820～1896 年）提出神经系统像一个复杂的网状结构。这就是所谓神经元之间联系的网络理论。1886～1889 年间，瑞士解剖学家希斯（W. His，1831～1904 年）在研究胚胎单个神经细胞发育时，首先提出不同于上述解释的概念。他认为神经系统是由许许多多独立的神经细胞所组成。经过多年的争论，神经元学说最终赢得了胜利。

神经元学说的奠基人是西班牙解剖学家卡札尔（S. R. Cajal，1852～1934 年）。1887 年，卡札尔进一步改良了高尔基染色法，发现神经细胞之间没有原生质的联系，从而提出神经细胞是整个神经活动最基本的单位。他积极支持神经元学说，坚信神经元是神经系统的基本单位，神经兴奋的传递是依靠神经元之间的接触而实现的。从此，这一结论形成了现代神经系统的结构和功能的基本法则。

19 世纪 90 年代，德国解剖学家沃尔德叶－哈茨（W. Waldeyer Hartz，1836～1971 年）也赞成神经细胞独立的假说，并建议称神经细胞为神经元，认为中枢神经系统是由许多独立的神经细胞（神经元）所组成的。

通常我们看到的神经是由许多神经纤维所组成的小束。每一条神经纤维是由许多神经元的轴突所形成。根据神经冲动传递方向的不同，可以将神经纤维分为传入神经纤维（感觉神经纤维）和传出神经纤维（运动神经纤维）两类。每一神经元的突起（轴突和树突）的末梢都不穿入到另一神经元的细胞体或它的突起中去，每一神经元的轴突的末梢分支只和其他神经元的细胞体或树突相接触，在它们表面形成粗大部分或小体，称为突触。

突触这个概念是1893年由英国生理学家谢灵顿（C. S. Sherrington，1857～1952年）首先引入生理学的。他用这个词表示神经元的交接区。两个神经元之间的信号传递就是通过突触实现的。20世纪50年代以来，由于电子显微镜的应用，人们才对突触的形态结构有了比较细致的了解。在电子显微镜下，可以看到突触是由突触前结构和突触后结构两部分组成的。在突触前结构和突触后结构之间存在着间隙，叫做突触裂。它的存在表明神经元之间确实没有胞浆的连续性。在突触前结构的突触小体内含有神经介质（如乙酰胆碱、去甲肾上腺素等）。在突触后膜上则含有各种与神经介质特异结合的受体，以及各种酶。它们是决定不同生理效应的关键。

谢灵顿除了突触方面的研究之外，还有一个最著名的研究成果，就是由感觉神经元、运动神经元以及一个或一个以上中间神经元连接起来的反射弧所实现的脊椎动物神经系统的反射活动。在这个领域他所提出的资料、术语和概念已成为神经科学最基础的部分，如"运动神经元"和"突触"、"中枢兴奋"和"抑制状态"、"交互神经支配"以及"神经系统整合作用"等。1893年，他研究了膝跳反射，观察到如果同时刺激腿后部通向屈肌的神经中枢的地方，就不会发生反射活动。由此，他得出结论：神经不仅有感觉神经，也有运动神经。肌梭是肌肉张力的感受器，它受到牵张的刺激，可以对肌肉不断地做出反射活动。在屈肌和伸肌这一对颉颃肌之间神经有交互的支配作用。由此一个膝跳反射的成功是输入、输出以及中间神经元之间通力合作的结果。

《神经系统整合作用》（1906）是谢灵顿最著名的著作。这部著作基本上是他自己的研究和观念的综合，也是对其他研究者相应工作的综述。可以说，谢灵顿在神经生理学这一特定领域的成就，整合了旧时代的研究成果，开辟了一个新时代。

在神经活动中，内外环境的刺激是以神经冲动的形式来传递信息的。所谓神经冲动指的是刺激在一个神经元上激起的电化学信号。

神经冲动是怎样产生和传递的呢？这涉及生物电现象问题。

早在 1780 年，意大利的解剖学家加伐尼（L. Galvoni，1737～1798 年）在离体的青蛙大腿肌肉神经的实验样品中，发现由于神经的电传导而引起肌肉收缩的现象，从而确认神经具有内在的电性质。1848 年，德国生理学家杜布瓦雷蒙（E. Dubos - Reymond，1818～1896 年）发展了生物电的观念。

杜布瓦雷蒙于 1818 年出生在柏林一个普通的家庭，早年就读于柏林大学和波恩大学，后来在柏林大学任职。他是德国古典生理学的创始人之一。在长期的研究工作中，他集中在研究生物电现象方面。《动物电研究》（1848）是杜布瓦雷蒙在专业方面最杰出的代表作之一。杜布瓦雷蒙是一位出色的实验家，他的功绩是第一次创制并有目的地使用研究动物电的物理工具。他用改造了的电流计，测得神经组织的电流，发现外周神经活动总是伴随着一个负的电位变化（电脉冲），并设想在神经和肌肉表面有一层排列规则的电动粒子。当时生理学家已经知道钾、钠离子在细胞内外的浓度是各不相同的。钠离子在细胞内的浓度低于细胞外；钾离子则相反，细胞内的浓度高于细胞外。后来，他的学生赫曼（L. Hermann，1838～1914 年）用实验证实了老师的这个设想。

在前人工作的基础上，德国生理学家伯恩斯坦（J. Bernstein，1839～1917年）把电脉冲与钾钠离子浓度这两者联系起来，认为这种离子浓度的梯度就是电脉冲在神经上传递的理论基础。20世纪以来，经过英国生理学家霍奇金（A. L. Hodgkin）和赫胥黎（A. F. Huxley）等人的研究，确认静息状态下神经元细胞膜是处在一个外正内负的极化状态，有一定的电位差，称为静息膜电位。它是由膜内外钠和钾分布不均造成的。神经元在静息状态下，膜外钠比膜内钠高10倍，而膜内钾比膜外钾则高30倍。因此，细胞内的钾带着正电荷顺浓度差从膜内向膜外被动扩散，而带负电的大分子有机物则不能随通透而外出。结果使膜内电位下降为负而膜外电位上升为正，形成外正内负的极化状态。神经元的一切电位变化都是由细胞膜的离子运动所造成的。当膜内外的钠浓度差及其所形成的电位差两种互相抵抗的力量相等时，膜的极化发生倒转，出现反极化。结果膜内电位变正，膜外电位变负，构成动作电位的上升相。但是刺激引起的这种膜两侧电位的倒转只是暂时的，它很快又恢复到静息时的状态，构成了动作电位的下降相。神经冲动就是这样通过动作电位或去极化波的形式，沿着神经纤维向前传播的。

随着神经系统的进化，感觉器官和运动器官也相应发展起来了。因此，有关神经系统和感官生理学的研究也渐渐多起来。18世纪，瑞士医生哈勒发现刺激神经远比刺激肌肉本身更容易引起肌肉收缩。并且，这种收缩是不随意的，他甚至能在有机体已死去的情况下刺激神经而仍引起肌肉收缩，哈勒进而证明神经运载感觉。当他切断到特定组织的神经后，这些组织便不再发生反应。从而，他得出结论：脑通过神经接受感觉信息，并通过神经传递引起诸如肌肉收缩那样的反应的神经冲动。他还推测所有神经都到达脑中央的接合站。

19 世纪中叶，德国生理学家谬勒（Muller Johannes，1801～1858 年）依据所做实验观察到的事实，提出了神经特殊能量学说，认为各种感觉神经的性质各不相同，每种感觉神经都具有特殊能量，只能产生一种感觉，而不能产生另一种感觉。例如，光对眼睛的刺激产生视觉；声音对耳朵的刺激产生听觉。但是，当电流刺激眼睛时也能产生光的感觉；用机械刺激作用于耳朵时也会产生声音的感觉。据此缪勒得出结论说，感觉的性质不取决于外界物体的性质，而取决于感觉神经的特殊能量，也就是说，感觉仅仅是感觉神经特殊能量释放的结果，即我们所直接感知的不是外物，而是我们感觉神经的状态。这就直截了当地否定了感觉是客观世界的映像，从而陷入了不可知论的泥坑。这在认识论上是错误的。他只看到感觉神经本身的性质在加工外界信息中的作用，而否认了客观世界对感觉的决定性影响。事实上，感觉神经的特异化是动物和人类在物种进化过程中长期适应环境的结果。客观世界存在着各种不同的刺激，如声、光、电等，与这些刺激相适应才逐渐形成了不同的感觉器官。每种感觉器官对与它相适应的刺激有很高的感受性，这并不排除它对其他刺激也有一定的感受性。特别是大脑皮层神经的特异化，对于加工外界的信息有着更为重要的意义。

尽管神经特殊能量学说是错误的，但它对于 19 世纪生理学和心理学的发展仍然有积极的作用，比如它推动了生理学家和心理学家深入地研究各种感觉器官的结构和功能。其后，德国生理学家赫尔姆霍茨（H. L. F. Helmholtz，1821～1894 年）的视觉三色学说（认为红、绿、蓝是视觉的基本颜色）、法国生理学家布洛卡（P. Broca，1824～1880 年）等的大脑皮层功能分区学说（认为大脑皮层可以划分为语言区、感觉区、运动区等），或多或少都受到神经特殊能量学说的影响。

19 世纪 30 年代，生理学家已经认识到神经系统的反射活动是高等动物一切行为的基础，也是我们人类的行为和意识的生理基础。因此，人们对动物行为的研究也引人注目。荷兰的生物学家廷伯根（N. Tinbergen）对银鸥等的行为进行了多方面的研究，认为动物的本能行为来自若干种因素，一种是在引起信号刺激时准备完成的趋性因素，另一种是遗传上的动作协调，即本身的最终行动。这两者是相互结合的。

美国的社会生物学家威尔逊（E. O. Wilson）在他的《社会生物学：新的综合》（1975）一书中提出动物和人类的行为均有其遗传基础；人类社会的各种制度可以追溯到动物中的遗传基因的进化因素。另一位著名的社会生物学家道金斯（R. Dawkins）在他的《自私的基因》（1977）一书中也明确地指出，动物的行为不管是利他的或自私的，都在基因控制之下；基因是主要的策略制定者，脑子则是执行者。这些社会生物学家在肯定动物和人类的行为有其遗传基础的同时，也注意到人类行为与动物行为有本质的区别，即人类文化对行为的支配作用，指出人类社会和人类的行为主要不取决于遗传进化，起主要作用的是文化，并且在遗传和文化之间存在着一种协同作用，正是这种协同作用促使人类这样的物种进化尤其迅速。

综上所述，自 19 世纪 30 年代以来，生物学家已经极其关注神经生物学方面的研究，并且取得了引人注目的丰硕成果。因此，伴随着这股神经生物学研究的热潮，脑科学应运而生。

狭义地讲，脑科学就是神经科学。它是为了了解神经系统内分子水平、细胞水平、细胞间的变化过程，以及这些过程在中枢功能控制系统内的整合作用而进行的研究。广义上，脑科学是指研究脑的结构和功能的科学，还包括认知神经科学等。

脑科学的最终目的在于阐明人类大脑的结构与功能，以及人类行为与心理活动的物质基础，在各个水平（层次）上阐明其机制，增进人类神经活动的效率，提高对神经系统疾患的预防、诊断、治疗水平。

由于脑科学涉及人脑的结构和功能，因而具有生物性和社会性，远远超出了现代生物学的范畴，成为现代自然科学和社会科学相互渗透、相互促进的重要领域之一。

另外，脑科学的研究最终必然要深入到探讨人脑与意识、思维等方面的课题，以及高级神经活动的规律等。因此，虽然有关脑科学的奥秘很早就引起了人们的关注，但真正对它进行强有力的探索还是在 19 世纪中叶以后才开始的。可以说，卡扎尔的神经元学说和谢灵顿的反射学说为 20 世纪脑科学的研究奠定了坚实的科学基础。

● 大脑两半球生理学

大脑是思维的器官，人类的一切知识都通过大脑活动而获得。但是长期以来，人们对大脑本身功能的知识却很贫乏，到 20 世纪现代生物学阶段才取得了重大的进展。为此，我们把这个问题放在这里，作为现代生物学的一个方面来加以介绍。

当然，脑功能的研究并不是在 20 世纪才开始的，在这以前已经有一定的研究成果。以下作一简略的回顾。

虽然早在古希腊时代，人们根据直接的观察推测大脑是思维的器官、意识的器官，但是直到 19 世纪 70 年代以前，还不存在大脑半球生理学。

1870 年是大脑功能研究取得卓著成果的一年。这一年，德国医生弗利奇（G. Fritch，1838～1927 年）和希齐格（E. Hitzig，1838～1907 年）发现用电流刺激大脑半球前半部某一区域，可以引起相应的某几种骨骼肌不断收缩，而刺激这个区域以外的其他点都无效。由此他们推断这个区域是大脑皮层的运动区。此后，很多学者用实验证明，切除或者刺激大脑的不同部分所引起的运动障碍或者反应是不同的，从而确认大脑皮层有机能定位的现象，并绘制出脑主管各种功能的配置图。

19 世纪 80 年代，德国的生理学家高尔兹（L. Goltz，1834～1902 年）第一次在切除了狗的大脑半球以后仍然保持了狗的生命。他发现切除大脑的狗不能摄食，不能躲避有害的刺激，不能认识主人，等等。他的工作开创了研究脑功能定位的先河。而有关大脑皮层功能定位的知识，最初来源于法国外科医生布洛卡。他从两名失语症患者的尸体解剖上，观察到额叶中央前回底部有损伤。后来许多学者应用电刺激法和摘除法研究大脑皮层的功能区，发现体感区集中在中央后回，运动区集中在中央前回，而且这些区域的每一处都与身体的一些部分相关联和对应。孟克（H. Munk，1839～1912 年）和弗利叶（D. Ferrier，1843～1928年）等人也证明，如果切除大脑半球的某部分，就会使某些感受器官的活动产生若干缺陷。例如，孟克发现狗在切除了枕叶之后，虽然没有丧失视力，但却不认识它的主人了。

1981 年，美国生物学家斯佩雷（R. W. Sperry，1881～1973年）和他的同事们，切开猫或狗的连接大脑两半球的胼胝体，把一个大脑分成两半，成为"孪生脑"。在这种情况下，每一个半球的功能是相当完整的，并且在很大的程度上是相互独立的。除非两半球得到同样的感觉传入冲动，否则不会有信号的交叉。

20 世纪 60 年代以来，斯佩利等在对癫痫病人作胼胝体割裂治疗时，观察他的行为变化，发现病人的大脑两半球有不同的分工。语言主要在左侧，当外界视像进入左半球时，可以用语言表达所见到的物体；但进入右半球时，则不能用语言表达，却可以用手势表达。右半球虽然没有语言的功能，但它也有认出和理解"词"的意思的功能。

的确，采用切除法或电刺激法可以直接观察到切除动物大脑的某一部分以后，该动物所出现的各种行为变化，然而对于所观察到的这些现象，当时的生理学家还不能用生理学的术语来表达，常常借用心理学的名词来解释。例如，高尔兹等人说，切除大脑的狗丧失了理解、认识、记忆事件和物体的能力；对狗在切除额叶以后的表现，叫做能听到但是"不能理解"；说猴子在切除额叶以后，迅速"忘记了学会的东西"，"想做但是不能完成某种动作"；等等。显然，这样的解释不能提供有关大脑皮层内发生着什么生理过程的正确概念。

此外，当时许多生理学家受唯心主义的影响，认为大脑是不可能用自然科学的方法来研究的。德国生理学家杜布瓦雷蒙就曾经表示过，把脑髓作为自然科学的研究对象是力不能及的。他声称自己对意识的产生这个问题是无知的，并且预言"永远也不会知道"。英国生理学家谢灵顿也曾经公开怀疑思想活动是脑髓的活动。他坚决反对把反射概念应用到大脑活动上去，认为我们没有把人的精神活动和生理过程联系起来的权利。

俄国著名生理学家巴甫洛夫（I. P. Pavlov，1849~1936 年）说："自从伽利略时代以来，自然科学没有阻挡地进军，在大脑高级部分的研究面前，为什么会停顿了下来？这并不是偶然的，这是自然科学的真正的危机。因为脑髓发展的最高形式——人类的大脑——曾经创造了，并且在继续创造着自然科学，而它本身却又成了这门科学的研究对象。"显然，在这里已经直接涉及了哲学观点的基本问题——精神活动是不是可以认识的问题。这个问题不解决，在脑功能研究方面就始终是个障碍。

俄国生理学家谢切诺夫（I. M. Schenov，1829~1905 年）遵

循唯物主义的路线，认为大脑的活动也是可以用自然科学的方法来研究，用反射概念来阐明的。反射概念是 17 世纪学者笛卡儿首先引进生物学中来的。当时他用"反射"一词来表示有机体对感觉器官的刺激所发生的反应，例如刺激角膜的时候经常发生的眨眼动作等。到 19 世纪 30 年代，反射概念已经在神经生理学中普遍应用，但是还没有应用到高级神经活动上去。1863 年，谢切诺夫发表《脑反射》一书，首次把反射概念应用到大脑活动上，从纯生理学观点去理解我们的主观世界。他认为一切有意识的和无意识的生命动作，按它们产生的方式来说，都是反射。

巴甫洛夫继承和发展了谢切诺夫的脑反射思想，把大脑生理学的研究又向前推进了一步。巴甫洛夫的早期工作是研究血液循环生理和消化生理。从 1903 年起，他才把研究工作转到庞大的脑机能上来。当时，巴甫洛夫在研究消化生理的时候注意到了一个常见的现象，就是动物见到食物会分泌唾液。那时候，人们把它叫做心理性分泌现象。对于这样一个带有心理因素的生理现象，怎样去解释和研究呢？大致说来，这里有两条道路。一条是把我们的内部世界移用到动物身上，假定动物大致也和我们人一样有思想、感情、愿望等，因此可以猜想到狗内部所发生的东西，由此来理解它的行为。这样，借助于心理学的帮助，我们可以说"动物想起来了""动物猜到了"，等等。显然，这是一条主观的研究方法。当时在巴甫洛夫的实验室里，他的合作者就是这样做的。巴甫洛夫十分不满意这种解释，和他们产生了严重的意见分歧。在多次慎重考虑后，巴甫洛夫决定走另一条道路——抛弃主观的观点，试图用客观的研究方法和术语来进行研究。他说："即使在心理兴奋的面前，也要保持纯生理学家的身份，也就是作为客观的外部观察者和实验者，只研究外部现象和它的关系。"他还指出，"这个决定的主要推动力（尽管当时没有意识到），就是我早先在少年时代受到俄罗斯生理学之父伊凡·谢切诺夫那本名叫《脑反射》的天才小册子的影响"，"它用清楚、准确和引人入胜的形式包含了我们现时正在研究的那个基本观念"。

巴甫洛夫十分注意改进研究方法，他说："对自然科学家来说，一切决定于方法。"为了能在完整、正常的有机体里研究生理过程，巴甫洛夫创立了有名的慢性实验法（也叫综合法）。这种方法是在没有遭到损伤的动物身上进行的，或者是在严格的无菌条件下动过手术、已经完全康复的动物身上进行的。巴甫洛夫在特别的隔声室里应用这种慢性实验法，详细地研究了心理性兴奋这个问题。他和同事们用令人信服的实验证明，所谓心理性唾液分泌，基本上就是从口腔发出的那种特殊反射，只有一个差别，就是这种反射由其他一些感受面的刺激所引起，是暂时反射、条件反射。后来，人们发现条件反射的事例是很多的。无数的实验证明，不仅动物看到食物或者嗅到食物的气味可以引起唾液分泌，形成条件反射，就是一些原来跟食物没有关系的因素如铃声、灯光等，和进食活动结合多次以后，也可以成为食物的信号而引起唾液分泌，形成条件反射。可见，条件反射是常见的生理现象。按照巴甫洛夫的说法，我们的习惯、联想、教育和一切纪律等，都是以条件反射作为基础的。

由于条件反射新概念的确立，生理学获得了一个极其广阔的研究领域，这就是高级神经活动的领域。条件反射作为"大脑两半球最一般的活动方式"，它和神经系统的高级部位（大脑）有关，直接涉及动物的主观世界。这样，随着条件反射这一事实的确定，就有可能把它作为一种研究方法，去研究动物大脑内部主观世界的活动情况，用来丰富大脑生理学的内容。正像巴甫洛夫所指出的，"动物的脑生理学片刻也不应该离开真正的自然科学基地，因为这个基地每天向我们证明自己的绝对可靠性和无限有效性。我们可以确信，在严格的动物脑生理学所踏上的这条道路上，这门科学将获得同样惊人的发现以及同样高度的对高级神经系统的控制能力，它的成就不会逊于自然科学的其他成就"。

　　巴甫洛夫在他的晚年，研究了动物脑和人脑条件反射活动的差别和联系，提出了两个信号系统的学说。他在 1934 年撰写的《条件反射》一文中说："发展着的动物界当达到人类的阶段的时候，神经活动机制就增加了一种特殊的机能，对于动物来讲，可以说是毫无例外的，客观现实只能通过视、听和其他感受器的直接刺激，以及这些刺激在大脑两半球中所遗留的痕迹来造成信号。除了我们听到的语言和看见的语词以外，这也就是造成我们对客观世界（自然环境和社会环境）的印象、感觉和表象的信号。这是人类和动物所共有的现实的第一信号系统。但是语词却构成了我们所特有的第二信号系统，第一信号的信号。无数的语词刺激，一方面使我们离开现实，因而我们应当经常记住这一点，以免歪曲了我们和现实的关系；另一方面，也正是语词使我们成为人，关于这一点，在这里我就不详谈了。但是无疑地，因为这两个信号系统的活动都是同一神经组织的机能，支配第一信号系统活动的基本规律也必然支配着第二信号系统的活动。"也就是说，在这里作为第二信号的语词刺激，是对物质现实最初的具体的信号进行抽象和概括的结果。例如，当我们说"铃"时，所指的并非是具体的铃，而是各式各样的、大小不同的以及用各种材料做成的铃的概括；由于语词是对物质现实进行抽象和概括的结果，所以无数语词的刺激一方面使我们离开现实，另一方面又使我们更接近现实。因此掌握了词，建立了第二信号系统的人类的智慧就更加发展，从而使人类创造科学，而科学又反过来指导人类与现实的关系，达到认识真理和改造客观世界的目的。

　　巴甫洛夫关于两个信号系统的学说，为我们理解人脑活动的本质特征和辩证唯物主义的认识论，提供了自然科学的依据。

● 大脑活动的物理和化学变化

20 世纪以来，随着生物化学、生物物理学和分子生物学等学科的进展，对大脑机能的研究逐步深入到内部机制，找到了和外部表征相应的内在物理、化学过程。早在 18 世纪 80 年代，意大利的学者伽伐尼最早观察到离体的蛙腿肌肉的电现象。他发现，如果用金属导体在已经制成标本的蛙腿肌肉和神经之间建立通路，那么肌肉就会如同莱顿瓶通过放电的时候那样发生颤抖。伽伐尼把这个事实解释为"动物电"的表现，从此开辟了电生理学的研究。

1902 年，德国生理学家伯恩斯坦在研究生物电现象的时候，提出了膜电位理论。他指出，生物电现象的主要基础是细胞膜内外存在着电位差，也就是膜电位。当细胞安静的时候，它的膜电位（即静息电位）通常是几十毫伏，内负外正；当细胞受刺激而传导冲动的时候，它的膜电位就会发生急剧变化，暂时可以改变成内正外负，这叫做动作电位。这个理论很好地解释了生物电的产生和它的传播。

由于生物电现象是十分普遍的生理现象，生理学家就常常把它作为指标来研究各种器官，特别是神经系统的活动方式。1903 年，荷兰生理学家爱因托芬（W. Einthven，1860～1927 年）制造了一种精密的电流计，能够测到跳动的心脏所产生的电位的微小波动，并且在 1906 年描绘了这一电位的峰和槽，得到了完整的心电图记录。后来，德国生理学家杜布瓦雷蒙用这种电流计探测到更加细微的神经冲动的电特征。美国生理学家厄兰格（J. Erlanger，1874～1965 年）和加塞（H. S. Gasser，1888～1965

年）发展了这方面的研究工作。他们把很细的电极放在神经纤维的不同点上，然后用示波器观察电位的变化，这样就能测到一个神经冲动的强度、持续时间和传播速度等。1929 年，德国精神病学家伯杰（H. Berger，1873～1941 年）把电极放在头部的不同部位，探查出节律性的脑电波（α、β 等波形），证明每一个人都有自己的波形，并且兴奋、睡眠或者病态时候的波形都是不同的。从这以后，脑电图就得到了广泛的应用。

此外，神经生理学家艾克尔斯（J. C. Eccles）用微电极记录单个脑细胞及脑细胞群的生物电的方法，比较详细地研究了脑细胞的生物电波形。他发现如果外界刺激不断重复，脑细胞里就会留下记忆痕迹，以后出现同样的刺激时便会闪现出相同波形的脑电活动，引起回忆。1964 年，美国心理学家克莱因斯（M. Clynes）根据对脑电波的研究，还能够判断出受试者正在注视什么颜色。这说明脑电波确实可以反映出脑活动的某种特征。

除了电的变化外，脑在活动时内部的化学过程也会发生明显变化。1908 年，美籍奥地利生理学家洛伊（O. Loewi，1873～1961 年）发现把乙酰胆碱注入血液循环系统里能够暂时扩张小动脉，有显著而短暂的降低血压作用，跟刺激迷走神经所引起的反应相仿。因此，他断定乙酰胆碱可能是神经冲动的传导物。后来人们查明，神经冲动的发放确实伴有乙酰胆碱和钠离子等化学物质的释出；一个神经元和另一个神经元之间的突触电位的大小，是由释出的乙酰胆碱量决定的，并且有相加的特性。只有几个突触（即神经元之间的接触点）同时或者在短时间里相继释出乙酰胆碱，使突触电位达到十分强大的时候，才能产生冲动的传递。因此，突触的活动方式相当于一种积分器。

20 世纪中叶以来人们还查明，在神经细胞中 RNA 的含量特别多，可能它在神经活动中有某种特殊的作用。1959 年，瑞典的神经生理学家海登（H. V. Hyden）发现被迫学习走迷宫或者某种技巧动作的老鼠，它的脑细胞中的 RNA 含量要比平时高12%。因此，他推测 RNA 可能跟学习和记忆有关。

20 世纪 60 年代以后，萨特尔兰（E. W. J. Sutherland，1915～1974 年）和他的同事发现脊椎动物脑里有大量的腺苷酸环化酶，这说明脑里形成环腺苷酸（常用 cAMP 来代表）十分活跃。根据这个事实，他们首次建立起 cAMP 和脑功能之间的联系。1967 年，他们又发现包含有突触前后膜成分的神经末梢碎片，它的核苷酸环化酶活性也很高，cAMP 可能用某种方式参与神经传递。

另外，据研究，一些生物活性胺如多巴胺、5－羟色胺等，对情绪和行为有调节作用；内腓肽和痛觉有关，它具有强大的镇痛作用，比吗啡强 50 倍。从上面所列举的研究成果来看，在分子水平上研究神经生理过程，是理解脑活动的一个振奋人心的新的探索方向。

此外，20 世纪 40 年代美国数学家维纳（N. Wiener，1894～1964 年）发表《控制论》之后，发展了用控制论来研究脑功能的工作。特别是 20 世纪 60 年代，迅速发展的电子计算机成为研究脑功能的一种很好的手段。由于脑具有不断地接收、转换、存储和处理信息的功能，因此，完全可以把它和电子计算机相比拟，或者把电子计算机看做是脑的功能模型来研究，由此引入了人工智能的新概念。所谓人工智能就是智能模拟。比如，我们可以让电子计算机做一些解题、证题和翻译等人的智力范围内的事情。这样，通过电子计算机就可以模拟或物化人脑的智力活动，从而为我们研究和认识人脑功能的表现提供了新的物质手段。

近年来，有关智能模拟的研究工作不断取得新的进展。目前的某些"电脑"装置，具有类似人类某些智能行为的控制系统，能够进行模式识别、联想推理，以及识别一定范围里的文字、图像和声音等。但是，相对于人脑来说，目前的"电脑"在许多方面还是相形见绌的。所以说，人工智能还有广阔的发展前景。

时至今日，人工智能问题已经引起科学家、社会学家、人文学家等学者的关注。目前，研究者们正从事机器翻译与定理证明，制造完整化机器人等多方面的深入研究，其目的是模拟人的思维活动，以便把大量"墨守成规"的课题转交给电子计算机，更深刻地论证人作出的种种决策，以便使人能腾出更多的时间，解决真正创造性的课题。

应用现代自然科学技术的成果研究大脑的生理，为描绘大脑的活动规律提供了不少新资料。它从一个侧面告诉我们：生命现象，即使是最高级的生命表现形式，都离不开物理、化学的变化，都可以用物理、化学的知识和规律去阐明，证明各种物质运动形式之间的联系和统一性。

但是，当我们注意到精神、意识不能离开脑内部的物理、化学变化和生理状态时，也不要忘记脑内部的电的、化学的变化或生理过程，只能说明在意识、思维过程中脑内部发生了什么物质变化，却不能由此揭示意识、思维本身的规律。因为意识、思维不仅依赖于人脑这个特殊复杂的物质体系的活动，还要依赖于人类社会活动或社会实践活动的影响。恩格斯说得好：物理、化学等变化"这些次要形式的存在并不能把每一次的主要形式的本质包括无遗。终有一天我们可以用实验的方法把思维归结为脑子中的分子的化学运动；但是难道这样一来就把思维的本质包括无遗了吗"❶？这段话很值得我们深思。

---

❶　恩格斯．自然辩证法［M］．北京：人民出版社，1971：226.

第十三章
探索自然界的生态平衡

● 生物圈

　　生物在地球上的分布是非常广泛的。在海洋的深处，在陆地的表面，在大气的高空，都可以找到生命的踪迹。凡是地球上生物能够存活的空间区域，我们都可以形象地把它叫做生物圈。

　　生物圈这个科学概念，最早是由奥地利的地质学家休斯（E. Suess）在 1875 年首先引入科学文献中来的。当时他把地球的外壳分为岩石圈、水圈、大气圈和生物圈。但是，他还没有生物圈是生物环境这样的观念。

　　1926 年，俄罗斯的地质学家维尔纳茨基（V. I. Vernadsky）扩展了生物圈的概念，明确生物圈是包括人类在内的一切生物赖以生存的地球表面的生物环境。从深海一万米到高空一万米都可以看做是生物圈的范围。在整个生物圈里，环境条件是多种多样

的，但大体上可以划分为海洋、淡水和陆地三个类型。海洋环境
所占的面积最大，约占地球面积的71%。淡水环境面积比较小，
位于陆地上面。陆地环境约占地球表面的29%。陆地生物，在
很大程度上都是依靠土壤为生的。因此，大地是陆上生物的
"母亲"。

● 研究生物与环境整体性的科学

生物与它们所居住的环境是密不可分的。早在1859年，英
国生物学家、进化论的创始人达尔文在《物种起源》中就曾用
"生存斗争"的概念，来概括各种生物之间以及与无机环境之间
的复杂关系。达尔文依据他观察到的事实，认为在一个区域里猫
的多少，田鼠、土蜂等种群的状态都可以决定三叶草长得是不是
繁盛。事实上，自然界的各种关系远不是这样简单，用达尔文的
话来说，"在战争之中，更有战争，此起彼伏，胜负迭现"。然
而，最后各方面的势力常常达到均衡的状态。虽然细微的变动完
全能使一种生物压倒另一种生物，可是自然界的面貌却可以在一
个相当长的时间里保持一致。这是因为对于每一个物种来说，在
不同的生命时期、不同的季节或者年份，总有许多不同的抑制因
素在对其发生着影响；其中某一种或者某几种的作用力量最大，
但是总要凭全部作用的汇合来决定该物种的平均数，甚至决定它
的生存。达尔文说："当我们在河岸上看到生长茂密的植物和灌
木，以为它们的种类和个数比例是由于所谓偶然的机会决定的，
但是这个看法是多么荒谬，每个人都听说过，当美洲的一片森林
砍伐以后，会有一片极不相同的植物群出现。但是在美国南部古
代印第安的废墟上，我们可以推想，以前地面上的树木一定曾经
被全部清除过，可是现在所生长的植物却和周围原始森林相似，

显示了同样美丽的多样性和同样比例的树种。"达尔文的这种概括对于认识有机界的人口规律，无疑是很有价值的。正像恩格斯说的："自然界中的有机体也有自己的人口规律，不过这种规律还完全没有被研究过，而证实这种规律，一定会对物种进化的理论有决定性的意义。是谁在这方面做了决定性的推动呢？不是别人，正是达尔文。"❶

继达尔文之后，德国进化论者海克尔在 1869 年，首次明确地把研究生物和环境相互关系的科学叫做生态学。从此生态学便作为生物学的一个分支而逐步发展起来。100 多年来，不少学者为这门学科的发展做出了杰出的贡献。

1935 年，英国生态学家坦斯雷（A. G. Tansley，1871～1955年）从生物不能与它们的环境分开的观点出发，确认生物与它们的环境形成一个自然系统——生态系统，从而强调生态学是一门研究生物与环境整体性的科学。任何一个生态系统一般都包括四种成分：无机环境，包括阳光、空气、水、土壤等；绿色植物，这是有机物的初级制造者；动物，它们既是有机物的二级、三级和四级以上的制造者，又是有机物的消费者；细菌和霉菌，它们是有机物的分解者。

现在，生态学家一般都用生态系统来表达某一个有机体和物理环境，以及生物环境和物理环境之间的复杂关系。这种关系也可以说构成了一个生态模型，在这个模型中，X 可以是动物或植物，也可以是人类本身。如果 X 是人类，那么，物理因素和有机体之间的相互转化，就要包括所有的环境科学，包括人类生理学和地理学；生物因素和有机体之间的相互转化，就要包括农业、林业和传染病害；而在有机体之间的关系，甚至可以把所有的社

---

❶ 恩格斯. 反杜林论［M］. 北京：人民出版社，1971：66.

会科学包括在里面。

生态系统是一个很广泛的概念，它在生态学思想中的主要功能在于强调必需的相互关系、相互依存和因果联系，那就是各个组成成员形成机能上的统一。在生态系统中，各种生物之间最本质的联系是通过食物链（指各种动物和植物由于食物的关系所形成的一种联系）来实现。

20 世纪 40 年代初，美国生态学家林德曼（R. L. Lindeman，1915～1942 年）吸取了坦斯雷等人有关生态系统营养——动态方面的研究成果，对一个面积 50 公顷的湖泊作了野外调查和室内分析，最后用确切的数据说明生物量随食物链（就是生物群落里各个物种之间营养上的联系）的顺序，是从绿色植物（生产者）向食草动物（初级消费者）、食肉动物（次级消费者）等不同营养级转移，并且有稳定的数量级比例关系。通常后一级生物量只等于或者小于前一级生物量的 1/10。林德曼把生态系统中能量的不同利用者之间必然存在的这种定量关系，叫做十分之一定律。如果把这种关系表示在图上，用横坐标表示生物量，在纵坐标上把食物链中各级消费者的数量依次逐级标出，那么整个图形就像一个金字塔，叫做群落中的数量金字塔。林德曼创立了生态系统中能量在各营养级间流动的定量关系的理论，初步奠定了生态系统的理论基础。

● 自然界的生态平衡

生态系统是一种复杂的动态系统。生态系统中不断地发生能量和物质的变换与转移，形成一种能量和物质的连续流动。在一个未受干扰或少受干扰的正常运行的生态系统中，这种物质和能量的输入与输出是趋于平衡的，这种平衡称为生态平衡。

　　生态平衡的特点是自我维持和自我调节，即当一个生态系统变得不平衡时，这种不平衡状态本身所引起的问题还能使这个系统恢复到平衡状态。究其原因是由于生态系统本身具有许多校正和调节的功能系统。食物网（由多条食物链相互交叉形成的复杂网状联系）就是其中的一种校正调节功能系统。

　　由于生态系统具有自动调控的功能，所以在一般情况下，它能经受环境的压力，自然调节到平衡稳定的状态。但是，如果环境的变化超过了生态系统所能耐受的限度，那么这种变化就有可能影响到生态系统的更替，使一种生态系统过渡到另一种生态系统，或者使原来的生态系统消灭。概括起来，生态系统具有如下的属性：空间上具有区域位置；时间上有演替和进化过程；结构上是一个开放系统；功能上能通过自我调节和自我组织达到或维持一个平衡状态的特性。

　　由此可见，生态系统实质上是一种非平衡的稳态。它不是要保持原初状态，而是不断地从一个稳态飞跃到另一个稳态，达到新的平衡动态过程。生态系统中多种成分趋向平衡的活动，以及一定限度的平衡的破坏，是推动生态系统不断发生变化的内在因素。

　　因此，依据生态平衡的性质，完全可以通过人为的有益活动来建立有利于人的生态平衡而避免对人不利的生态平衡。维持生态平衡的相对稳定对于人类的生存是有利的。如果破坏了某些生态系统，就有可能给人类带来莫大的损害，甚至带来无穷的灾难。比如，根据历史的记载和埋藏的土壤证明，我国黄土高原过去不仅有森林，还有肥沃的草原；但是几百年来掠夺式的开发利用、盲目砍伐森林和滥垦草地，破坏了生态平衡，如今它已经成为一片荒山秃岭，水土流失严重，一时难以恢复。

● 人类生态学

20 世纪 60 年代以来，由于世界范围的人口、资源、能源、粮食和环境问题日益尖锐，生态学迅速转向以人类为主体的研究，因此人类生态学蓬勃地发展起来，成为现代生态学中最活跃的一个分支。

人类生态学作为专门研究人类与环境之间相互关系基本规律的科学，它强调生态规律对人类活动的指导作用。特别是在思考和探讨人口、资源、环境和发展之间的关系时，一定要有生态学的观点，这样才能充分利用资源，使经济发展和环境保护协调起来，在发展经济的同时，不断改善人类的生存环境。不难看出，人类生态学已经远远超出了生物学的范围，一跃而成为把社会与自然界之间的关系引向合理化的最为广泛的研究领域的科学，一门综合性很强的科学。

的确，以人类生态学为核心的现代生态学，在近几十年中的转变是很剧烈的。现在生态学家不仅能够引用一套新技术（包括标记元素、地质化学、遥感、自动侦察、计算机模拟和化学分析等），而且还能够从其他学科领域引进稳定态、反馈和能流等概念，用来研究生态学的问题。近年来生态学的进展的确是很快的，可以预期它将在消除污染、维护生态平衡、为人类创造更加美好的环境方面，发挥越来越大的作用。

此外，现代生态学的发展也使人们逐步认识到人类不仅是大自然的操纵者，同时也是栖息者，是大自然的一部分；人类作为自然界的一员，之所以比其他动物强，就在于人类能够认识和正确地应用自然规律。在人和自然的关系上，不能片面地去理解人对自然的改造，而要树立人与自然协同发展的新观念。

● 人类活动对生态系统的影响

在人类出现之前，影响生态系统的因素，只有光、热、雨等气候条件以及土壤的物理化学特性和生物间的相互作用。但是，人类在地球上出现以后，情况就发生了很大的变化。自然，从生态学的角度来说，人也是生态系统的组成部分，人的环境也是生态系统的环境。可是，人类活动的因素不同于其他因素，它对自然界有着巨大而深刻的影响，能在自然界打下自己意志的印记。

当然，人和自然的关系不是单方面的，而是相互作用的。随着人对自然界的影响越来越大，自然界对人的反作用也日益暴露出来。早在 19 世纪 70 年代，恩格斯就明确地指出："我们不要过分陶醉于我们对自然界的胜利。对于每一次这样的胜利，自然界都报复了我们。"[1] 他举出历史上的事例来说明这种情况：美索不达米亚、希腊、小亚细亚以及其他各地的居民，为了得到耕地，把森林都砍光了。但是，他们想不到，今天这些地方竟成了不毛之地，因为这些地方失去了森林，也就失去了积聚和储存水分的中心。阿尔卑斯山的意大利人，砍光了山南坡茂密的松林，他们却没有想到，这样一来，他们把高山畜牧业的基础给摧毁了；更没有料到，他们这样做，竟使山泉枯竭，而在雨季又使更加凶猛的洪水倾泻到平原上来。

随着科学技术的进步和工业生产的发展，在带给人们许多好处的同时，也出现了前所未有的人为因素影响着自然环境。诸如农业开发，城市化，盲目砍伐森林，过度使用水资源、化肥、杀虫剂、农药和排放工业"三废"（工业生产排放的废气、废水、

---

[1] 恩格斯. 自然辩证法 [M]. 北京：人民出版社，1971：158.

废渣）等，都会干扰或破坏自然界的生态平衡，污染人们生活的环境。在这里，环境污染是指人类活动对空气、水域、土壤等自然环境的影响和破坏，并且给人类和其他生物带来了一定危害。环境污染引起人们的注意，是从用煤开始的。19世纪中叶以来，煤的消耗量不断增长。1870年，全世界的煤产量大约是2亿5 000万吨，到1970年上升到28亿吨。近百年来，大量燃烧煤等化石燃料和大量砍伐森林，不仅使煤烟污染事件不断发生，而且大气中的二氧化碳含量也迅速增加（按体积计算，从原来的0.28%增加到现在的0.32%）。大气中二氧化碳浓度不断增加，可能使全世界的气候异常，这对于动植物的生长和人类的生活，会带来非常严重的后果。

　　20世纪以来，特别是第二次世界大战以后，环境污染更加严重，不仅污染物的种类扩大了，除机械粉尘、汞、铅、砷、酚、氢化物和煤烟外，又增加了放射性污染，而且污染物的数量也增加了，单是工业发达的美国，每年就要排放废气2亿6 400万吨，污水15 000亿吨，还有几十亿吨固体废渣。因此，严重污染事件屡见不鲜，如英国伦敦的"烟雾"事件，美国洛杉矶的"光化学烟雾"事件，日本"水俣病"事件，等等。

　　除此之外，现代农业由于大量使用化肥和农药等所引起的污染事件，也是触目惊心的。现在已经在南极动物体内发现DDT，说明它已经进入全球性的生物化学循环。

　　上述环境问题的出现，引起了人们的极大关注。1962年，美国女生物学家P. 卡逊（P. Carson, 1907～1964年）通过阅读大量资料和实地观察，写成了《寂静的春天》一书。她在书中用丰富而翔实的资料说明大量使用化学农药，使得自然界发生了一系列的变化，一些地方已经从繁荣的春天变成了寂静的春天。环境污染问题的出现，再次证明人类的活动对自然界的变化有重大的影响。

近几十年来，经过各国科学家大量周密的调查研究，证明工业"三废"的大量排放或者不适当地使用化肥、农药而引起的环境污染，跟生态系统的破坏有密切关系。我们知道，生活在生物圈❶里的几百万种生物，在长期的进化过程中，生物和生物之间，生物和周围环境之间，形成了一个相互联系、相互制约的生态系统。在这个系统中，同生命有关的物质，像碳、氢、氧、氮、硫、磷等都在不断地循环更新。这样，污染物质就可以在循环中得到净化，也就是说，自然界本身有自净作用。但是，当地球上的物质循环系统的自净作用遭到破坏的时候，生态系统就会失去平衡，产生环境污染。这种破坏有时是自然因素如火山、地震、气候异常等造成的，有时是人为因素如盲目砍伐森林、大量排放工业"三废"等造成的。

据研究，污染物质在生态系统中是沿着食物链转移的。按照林德曼的理论，食物链有点像金字塔。它的最下层是绿色植物，上面依次是吃草动物、食肉动物……人类处在金字塔的最顶端。如果工业"三废"或者其他有害物质排入一个生态系统，比如说一条河流，在通常情况下，污染物质的含量并不很高，大多是用百万分之几来计算的，还不至于引起生物死亡。但是，这些污染物质经过食物链的富集，可以成千上万倍地在生物体里积累起来。拿DDT这种农药来说，如果散布在大气中的DDT的浓度是0.000 003ppm（表示百万分的单位），那么，当它降落到水域中被浮游生物吞食以后，在它们体内的浓度可以达到0.04ppm，也就是说，富集了13 000倍。当浮游生物被小鱼类吃掉以后，DDT

---

❶ 生物圈就是人类、动植物和其他生物所生存的地球表层。它的上限大约在海平面以上十几里。生物圈通常分为三层，上层是"气圈"，中层是"水圈"，下层是"土圈"和"岩石圈"。

的浓度在小鱼体内可以增加到 0.5ppm，即富集了 143 000 倍……像这样通过食物链迅速富集下去，DDT 到达人体内的时候，就会增长到 1 000 万倍。可见，人类在工农业生产活动中所排放出来的有害废物或者农药等，一旦参与了自然界的物质循环，就会影响甚至破坏原来的物质循环系统，产生不可预料的后果。

环境污染不仅直接威胁到人类的生存和发展，而且它还具有全球性的问题。在这里，全球性是指它的规模是全球性的，它的性质是涉及全人类根本利益的，而要解决它又必须要求全人类协调一致的努力。从 20 世纪 60 年代以来，随着整个世界的自然环境和自然资源的状况日益恶化，出现各种各样的"生态冲击"的时候，人们就开始逐步意识到必须在世界范围内，为了人类的未来而共同考虑自然环境的保护问题。1972 年出版的、由沃德（B. Ward）和杜波斯（R. Dubos）主编的《只有一个地球》这本书，可以看做是现代环境科学的一本绪论性质的著作，也是从 1962 年《寂静的春天》出版以来又一部呼唤人们关注环境问题的重要著作。

当下消除污染，维护生态平衡，已经成为现代自然科学研究的一个重要课题。20 世纪 60 年代以后出现的环境科学，就是专门研究保护和改善人类环境质量的一门综合性学科。现在，环境科学的相关科学领域——生物学、地学和化学等，都把环境问题列为研究的重点。因此，在现代生物学的发展中，除了继续向微观方向进军外，也不断向宏观方向探索，研究种群、群落和生态系统的调控和它的发展规律，用来揭示生物有机体在整个自然界的能量和在物质交换中所起的作用。

1962 年，卡逊以一本《寂静的春天》开启了现代环境保护运动的先河。半个多世纪过去了，我们环顾四周，遍及全球的生态和环境难题仍然非常严峻。面对环境问题的挑战，全球奋起行动。1972年6月，在瑞典斯德哥尔摩召开的人类环境会议，是世界上第一次各国为维护生态平衡和自然环境采取的一次重大集体行动。会上通过了《人类环境宣言》，强调"人类环境的维护与改善是一项影响人类福利与经济发展的重大课题，是全世界人民的迫切愿望，也是所有政府应肩负的责任"。

联合国教科文组织国际学术联合会主办《国际生物学计划》（1965～1974年）之后，又主办了《人与生物圈计划》，旨在使科学技术为人类的进步服务，提倡自然科学与社会学结合，理论研究与解决实际问题结合，科学家、上层决策者与当地居民相结合，积极开展有关环境保护问题的国际协作。上述这些国际组织的活动，无疑大大促进了各国环境治理的实施。

如果我们能够充分利用现代科学技术，采取明智的行动，那么就有可能为自己以及子孙后代开创一个良好的环境，实现更美好的生活。当前，各国广大劳动人民和科技工作者在同环境污染作斗争中，相继发明和创造了许多行之有效的新技术、新方法。比如说，目前世界各国正在改进燃烧方法和锅炉结构，以消除黑烟；安装各种除尘器，以减少排尘量；应用物理化学和微生物的方法，对废水进行处理和回收利用；等等。

此外，应用生态学中物种共生及物质再生原理和系统工程的优化方法，来设计对物质多层利用的工程体系，也可以达到净化环境、维护生态平衡、实现可持续发展的目的。

消除环境污染、维护生态平衡、实现可持续发展，最终还是要落脚到处理好人与自然的关系和人与人的关系上来。不管是人与自然的关系，还是人与人的关系，人都是主导的方面。人类的生存和发展要依赖自然界，不断地向自然界索取。但人类的行为不能超过自然界所能承受的限度，否则就会失去平衡，破坏可持续发展。

协调人与自然的关系，首先要控制人口过度增长，约束自己的种群规模，否则会出现自然界和人类社会都不能承受的压力，超负荷的运转是不能持续下去的。其次，发展经济应在满足人类的需要和改善人的生活质量的同时合理地使用生物圈，既要使当代人得到最持久的利益又要保持其潜力以满足后代人的需要和欲望，实现人与自然之间的和谐和人与人之间公平的发展。

无论是对历史的反思，还是对现实的把握，乃至对未来的展望，都离不开科学技术这个重要的话题。科学技术作为可持续发展的智力支撑系统，在利用自然资源和保护环境方面正在发挥着前所未有的作用。

近几十年来，随着信息技术、生物技术等高新技术的迅猛发展，人类社会已经进入知识经济时代。科学技术越来越成为世界的主宰。在这种情况下，面对环境问题的挑战，人们努力采取了种种消除污染净化环境的措施，在世界范围内，不少地区大气和水域污染的状况有了明显的改变。多年不见的鸟儿又飞回来了，曾经寂静的春天，现在又恢复了大自然的生气。可见，环境污染问题不是不能解决的。

随着人们对自然规律的知识不断增长，人类会在自己的实践中找到更多的对自然界施加反作用的手段。比如，不久前兴起的NBIC会聚技术（由纳米、生物、信息和认知四大科技领域有机融合在一起的新技术）就充分体现了这一点。展望未来，随着科技进步和创新，可持续发展将会得到更加强有力的技术支持，并为人类营造出一个山清水秀适宜人类居住的环境。

● 现代生物学发展的特点

从前面提到的光合作用的研究等几个方面来看，现代生物学的面貌的确和过去有很大的不同。过去在生物学的研究中，受研究手段的限制，多半停留在描述性和思辨性阶段；而对于生物体内发生的物理、化学变化，以及对亚细胞结构和生物大分子的研究，却很难深入下去。

20 世纪以来，特别是第二次世界大战之后，随着物理学和化学的进展，以及高新技术在生物学中的广泛应用，过去研究中的许多困难得以克服，现代生物学也得以迅速地向纵深发展。此外，在新的条件下，有不少原来从事物理学或者化学研究的科学家，纷纷涌向生物学领域，把物理学和化学的学术思想和实验方法带到生物学中来，启发人们从生物大分子体系的结构、能量和信息三个方面去探索生命的奥秘，从而使研究生命的科学思想发生了很大的变革，开创了现代生物学研究的新局面。

以蛋白质和核酸生物大分子研究来说，从 19 世纪末开始就有不少科学家在这方面做了许多工作，也取得了一些进展，但是由于研究生物大分子缺乏有效的手段，以致在相当长的时间里对生物大分子的研究，只停留在一般化学的分析上，不能深入下去。后来，随着冷冻超离心机的分离手段、微量分析的纸层析，以及各种物理分析仪器和 X 射线衍射分析立体结构等方法逐渐成熟，才大大提高了对生物大分子结构分析的精确性和深度。于是，在不长的时间里相继搞清楚了蛋白质和核酸的化学结构和三维结构，为分子水平的生物学研究奠定了坚固的基础。

从 20 世纪 50 年代以来，学者们围绕着蛋白质和核酸的结构和功能开展遗传学研究，分子生物学应运而生。分子生物学是一门在分子水平上研究生命现象的物质基础的科学。它主要是指蛋白质和核酸的结构、功能的研究，也涉及对各种生命过程如光合作用、遗传特征的传递等深入到分子水平的物理化学分析。

分子生物学的诞生对于生物学的发展，影响是十分深远的。正像英国物理学家布莱凯特（P. M. S. Blackett，1897～1974年）所说的："分子生物学像40年前量子论使核物理革命化一样，也在相等程度上使生物学革命化。"的确，分子生物学兴起的时间并不算长，但是它已经渗透到生物学的各个领域，并且产生了一系列的新兴生物学科，如分子遗传学、分子细胞学、分子神经生理学和分子分类学等，使整个生物学的面貌发生了惊人的变化。

伴随着分子生物学的诞生，在生物学中出现了一种新的思潮，认为一切生命现象最终都可以分解或者还原到分子水平甚至电子水平，进行物理、化学的分析；物理学和化学是阐述一切生命现象的基础。现在，人们已经越来越多地把生命现象当做物理学和化学那样用科学方法来处理，并且更多地把生物学的思想转向了解生命基础的种种物理学和化学的程序方面来。

与此相适应，现代生物学还高度重视实验，把实验看作既是某种特定操作的行为，也是一种思考方式。正如美国学者艾伦（G. E. Allen）在比较19世纪和20世纪生物学的差别时所指出的：20世纪的分子生物学是用物理、化学的工具，以实验方法来研究有机体的，而19世纪的达尔文进化论则没有提出任何可以经得起实验检验的直接方法。分子生物学的中心法则的基本宗旨几乎随时可以被直接检验，它的预见也容易被证实。"这样，虽然两种理论都以统一生物学的许多领域为焦点，但它们达到这一目的的方法却全然不同。正是方法论上的这个变化，反映了自19世纪后期到今天生命科学发展的特征。"❶

在对生命的共性、本质有了更多了解的基础上，从20世纪

---

❶ 艾伦. 二十世纪的生命科学［M］. 北京师范大学出版社，1985：305.

三四十年代起，特别是 60 年代以来，人们常常用"生命科学"一词来代替生物学。生命科学作为一门研究、利用和改造生命的科学，更加突出和强调了这门科学是研究维持生命现象的本质。这是过去的生物学研究所不能比拟的。

从微观领域研究生命现象，这只是现代生物学研究的一个方面。现代生物学研究的另一个方面，是不断地深入和扩大对宏观领域的研究。种群、群落、生态系统，甚至生物圈和宇宙空间都在现代生物学研究的范围内。

在宏观领域的生物学研究中，生态平衡、环境保护是一个突出的研究课题。生态系统或者环境中的各种单元，如非生物因素、生物因素、人和社会因素等，是相互联系、相互作用的。如果我们在这方面认识不足，没有掌握环境系统内部的客观规律，以致在人和自然的关系上处理不当，结果就会遭到大自然的"报复"和"惩罚"。今天，环境问题已经不是一个纯粹的学术问题，而是摆在人类面前需要认真对待的一个重大社会问题。正如1972 年 6 月在瑞典斯德哥尔摩召开的人类环境会议上所指出的："人类环境的维护和改善是一项影响人类福利和经济发展的重要课题，是全世界人民的迫切愿望，也是所有政府应该肩负的责任。"

综上所述，现代生物学在物理、化学领域的新概念、新方法和新技术的广泛渗入下，运用现代科学已经有的知识、思想和提供的工具，正向着生命体系的微观和宏观两极发展，深入探索生命的奥秘。

生命是复杂的，但是并不神秘。在现代生物学的研究中，要是人们对生命所有结构和功能，所有水平——从分子水平、细胞水平、个体水平、群体水平，直到生态系统，连成一体，进行全面的了解，就有可能更深刻地阐明生命的本质，掌握更多更全面的生命活动规律，为人类在改造自然方面争得更多的自由，做出更大的贡献。

　　现代生物学的上述特点，在第十四、第十五两章中讲到遗传学的进展时表现得尤为突出。

第十四章

DNA 遗传功能的阐明
与生物学的第二次革命

● 寻找基因的化学实体

摩尔根在他的《基因论》中，虽然还不清楚基因的化学实体究竟是什么，但是他毕竟触及了这个问题。摩尔根在《基因论》一书的末尾总结部分讨论到基因属不属于有机分子一级时，根据计算基因的大小来估计，认为基因不能当成一个化学分子；基因甚至可能不是一个分子，而是一群非化学性结合的有机物质。然而他并不排除这样的假设："基因之所以稳定，是因为它代表着一个有机的化学实体。"

经典遗传学确定了性细胞的染色体是基因的物质承担者，但是，对于基因的化学本性还是一无所知的。比如基因究竟是什么样的化学物质，它在遗传传递中到底如何发生作用，这些问题如果没有分子水平的研究，是不可能做出确切解答的。而要完成从分子水平上进行研究的任务，在很大的程度上就取决于研究方法的改进。现代自然科学技术的进展，特别是物理学、化学的新成果，为从分子水平进行生物学研究提供了必要的前提，极大地促进了生物学的发展。今天，对于基因的实体是什么样的化学物质，它以什么方式发生作用等问题，都有了明确的答案。

　　在寻找基因的化学实体上，细胞化学起着重要的作用。早在19 世纪末叶，细胞学就已经发展起来，当时有不少的化学家、细胞学家为了弄清楚细胞的化学成分，都投入到细胞的化学组成的研究上来。1869 年，米歇尔在分析细胞核的化学组成的时候发现了核酸。后来经过柯塞尔和莱文等人的工作，使人们认识到细胞核的主要成分——核酸，是由 4 种核苷酸相互连接起来的生物大分子，但是对它的生物学功能却所知甚少。虽然核酸的发现者米歇尔本人鉴于核酸大量存在于精细胞中，曾经设想过它可能和受精作用有关，从而推断或许它就是受精作用的特定原因。但他受到当时流行的蛋白质是一切生命功能负荷者这种观念的影响，并没有沿着他关于核酸功能的合理推断的思路做过任何工作。因此，关于核酸的生物学功能还是尚待研究的空白。

　　在确定核酸的生物学功能方面，肺炎球菌的转化实验是一个重大突破。早在 1928 年，英国细菌学家格里菲斯（F. Griffith，1881～1941 年）就注意到一个令人惊异的现象。他把已经杀死的 SⅢ型肺炎球菌（一种有毒、有荚膜、菌落光滑的肺炎球菌）和少量活的 RⅡ型肺炎球菌（一种没有毒、没有荚膜、菌落粗糙的肺炎球菌）混在一起，注射到动物体里，结果这些动物得病死掉了，并且从它们体内分离出很多 SⅢ型肺炎球菌。以后又发现用 SⅢ型肺炎球菌的抽取液，直接注射到培养基上做类似的实验也得到同样的结果。这很自然地使人推断一定是 SⅢ型肺炎球菌细胞里的某种物质被 RⅡ型细胞吸收了，使它转变成 SⅢ型。但这是什么样的物质，当时还不清楚。

1944年，美国生物化学家艾弗里（O. T. Avery，1877～1955年）等人重复了格里菲斯的实验，查明原来是SⅢ型肺炎球菌菌株中的 DNA 在转化实验中起了作用。因为当他们把 DNA 单独地提取出来，加以高度纯化以后，发现它具有同样的转化能力。这就是说，从SⅢ型分离出来的 DNA，具有原来类型的遗传性，如果被RⅡ型细胞所吸收就成为它的遗传基础的组成部分，可以遗传下来。艾弗里等还做了这样的实验：当在转化物质里加些蛋白酶的时候，并不影响实验的结果，但是如果加进去的是 DNA 酶，就会使转化现象消失。由此可见，正是 DNA 在转化舞台上担任着独特的主角。艾弗里等人指出："如果这项关于转化因子的本性的研究结果获得证实的话，那么核酸就必然被认为具有生物学的特异性，它们的化学基础还有待于确定。"

1948年，美国生物学家米尔斯基（A. E. Mirsky）和赖斯（H. Ris）等相继发现，在同一种生物体的不同组织的细胞里，每个单体染色体组的 DNA 含量是个常量，并且发现 DNA 有倍数变化。例如，他们查明在黄牛的肝细胞里 DNA 的含量是 6.5×10^{-9} 毫克，而它的精细胞里 DNA 只有 3.4×10^{-9} 毫克，恰好是体细胞 DNA 含量的一半，这同染色体在细胞里的存在形式是完全一致的。因此，米尔斯基说："如果这种染色体组分在一个生物体的各种不同体细胞里，确实作为常量而存在，并且在它的生殖细胞里作为这个量的一半而存在的话，那么不妨说 DNA 是基因的一部分。"

米尔斯基说 DNA 只是基因的一部分，表明他对蛋白质具有遗传作用还持保留态度。因为那时候由于受四核苷酸假说的影响，人们普遍认为核酸不具有多样性，很难胜任遗传物质这一角色。

打破这种传统旧观念的是1948年以来美国生物化学家查尔加夫（E. Chargaff）的工作。查尔加夫在艾弗里等人实验结果的鼓舞下，开展了一系列有关核酸化学结构的分析研究工作。他发现，在 DNA 中存在的四种核苷酸碱基量并不是彼此相等的。例如，从牛的胸腺细胞提取出来的 DNA 里面所含的 4 种不同的碱基量分别是：A（28%），G（24%），T（28%），C（20%）。后来，查尔加夫进一步分析从各种不同的生物体得来的各种各样的 DNA 试样，发现各种 DNA 确切的碱基成分是随着它的生物来源而有所差异的。这就意味着 DNA 根本不是像四核苷酸假说所认为的那样，是单调的，没有多样性的聚合物，恰恰相反，DNA 是有特异性的。

1950 年，查尔加夫发现 DNA 碱基的当量现象尤其值得注意。所谓 DNA 碱基的当量现象，指的是两种碱基或者两个碱基对的分子比值约等于 1。用查尔加夫的话来说："迄今为止，所有已经检验过的各种 DNA 中，总的嘌呤和总的嘧啶的分子比值，还有 A（腺嘌呤）和 T（胸腺嘧啶）的分子比值，以及 G（鸟嘌呤）和 C（胞嘧啶）的分子比值，都跟 1 相差不远。"这就说明了 DNA 分子结构具有一个特点：A＝T，G＝C。这一研究成果的意义是十分重大的，它直接为 DNA 双螺旋结构中碱基配对的原则奠定了化学基础。

20 世纪 50 年代以后，有很多事实证明 DNA 是遗传物质。1951 年，美国细菌学家赖德伯格（J. Lederberg）和钦德（N. D. Zinder）从能合成色氨酸的沙门氏细菌中得到一种噬菌体，用它来感染不能合成色氨酸的细菌的时候，可以在被感染的细菌中合成色氨酸，并且这种能力是遗传的。这和上述肺炎球菌转化的实验相类似，不过在这里造成转变的是噬菌体，而不是实验者本身，所以这种现象被人们叫做转导。如果从能够合成色氨酸的菌株中提取出 DNA，直接和不能合成色氨酸的菌株混合培养，也可以使后者变成能合成色氨酸的类型。证明转导的因素也是 DNA。

1952 年，美国细菌学家赫尔希（A. D. Hershey）和蔡斯（M. Chase）分别用放射性磷（^{32}P）和放射性硫（^{35}S）标记噬菌体的核酸和蛋白质部分，然后用标记过的噬菌体去感染细菌，发现噬菌体的 DNA 已经进入细菌细胞，而蛋白质外壳却留在外边，并且进入细菌细胞的 DNA 能够复制出同原来一样的噬菌体，这就进一步证明了 DNA 是遗传物质。

此外，比利时生物学家布拉舍特（J. Brachet）和瑞典生物学家卡斯帕森（T. O. Caspersson）在 20 世纪 50 年代研究细胞化学的时候，发现蛋白质合成活跃的细胞，是富含 RNA 的细胞；细胞中的蛋白质合成是在由 60% 的 RNA 和 40% 的蛋白质所组成的核糖体❶上进行的。他们的实验揭示，核酸在控制细胞蛋白质合成中起着重要的作用。如 1955 年，布拉舍特用洋葱根尖和变形虫进行的实验表明：如果加入 RNA 酶分解细胞里的 RNA，蛋白质合成就终止，而如果再加入从酵母中提取的 RNA，那么又可以重新合成一定数量的蛋白质。

那么，DNA 分子本身有什么条件可以作为基因的化学实体？1953 年，沃森和克里克根据实验研究所提出的 DNA 分子的双螺旋结构模型，很好地回答了这个问题。

● DNA 双螺旋结构复制功能的阐明

虽然到 20 世纪 50 年代初，人们对核酸的化学结构已经有了相当丰富的认识，但是对它的空间结构还是所知不多，因此对于

---

❶ 核糖体也叫核糖核蛋白体。它是一种亚细胞颗粒。在细菌细胞中，核糖体游离存在于细胞质中。拿大肠杆菌细胞中核糖体来说，它的直径大约是 20 毫微米，分子量为 2.6×10^6 左右。它可以解离成大小不同的两个亚基，在超速离心，大小两个亚基的沉降系数分别是 50s 和 130s。

核酸怎样实现它的遗传职能，从结构上来说明还有困难。这是个亟待解决的问题。后来，经过科学家的努力，终于找到了解决 DNA 分子空间结构之谜的一个关键性的技术手段，这就是 X 射线晶体学对生物大分子的成功应用。我们知道，早在 1921 年，英国晶体学家布拉格父子（H. W. Bragg，1862～1942 年；W. L. Bragg，1890～1971 年），就开始了通过 X 射线投射晶体所产生的衍射图案的分析来确定分子结构的工作。最初是分析像氯化钠那样的简单盐类，以后逐渐发展到比较复杂的有机分子。最先研究 DNA 分子空间结构的是英国的另一位晶体学家阿斯特伯利（W. T. Astbury，1898～1961 年），他是对蛋白质进行 X 射线结晶学研究的创始人之一。尽管他在 20 世纪 40 年代研究 DNA 分子空间结构的时候，由于技术水平限制，拍到的 DNA 分子 X 射线衍射照片，质量不佳，不能显示太多的细节，但是毕竟可以分辨出核酸是一叠扁平的核苷酸，每个核苷酸之间的间距是 3.4 埃。

到了 20 世纪 50 年代初期，有三个小组研究 DNA 的空间结构。鲍林一组没有取得什么成果；英国物理学家威尔金斯（M. Wilkins）一组取得一项重要的技术进展，他们设法制成了高度定向的 DNA 纤维，从而使拍摄到的 X 射线衍射照片，轮廓清晰，细致入微，清楚地证实了阿斯特伯利关于 DNA 分子中每个核苷酸之间的间距是 3.4 埃的推断，并且从照片上确认 DNA 纤维的结构是螺旋形的；美国生物学家沃森（J. D. Watson）和英国生物化学家克里克（F. Crick，1916～2004 年）一组，利用了威尔金斯所提供的照片和查尔加夫的有关 DNA 中 4 种碱基含量的新数据，并且结合他们自己的创造性工作，终于在 1953 年提出了 DNA 分子双螺旋结构模型。他们的论文《核酸的分子结构》发表在《自然》杂志第 171 卷中。按照沃森－克里克模型，DNA 分子的空间结构有以下几个特点：第一，两条 DNA 多核苷酸链具有一个正常的螺旋形式或者说螺旋骨架；第二，这个螺旋的直径是 20 埃，由于相邻核苷酸的间距是 3.4 埃，所以这个螺旋沿着它的长度每 34 埃完成一个螺距，每个螺距含有两叠 10 个核苷酸；第三，围绕着一个中轴旋转的两条多核苷酸链，由于连接两个核苷酸的磷酸二酯键和糖的连接部位不同，或是和糖的第三碳原子相连接（叫 3′ - 端），或是和糖的第五碳原子相连接（叫 5′ - 端），因此两条链的走向就有 3′ 到 5′，或者 5′ 到 3′ 的区别，一链是 3′ 到 5′ 的走向，和它相对应的另一条链的走向就必然是 5′ 到 3′，所以这两条链是反向平行的，并且两链间由氢键连接的碱基是互补的，也就是说 A 总是对 T，C 总是对 G，表现出碱基互补配对排列的规律（图 14 - 1）。

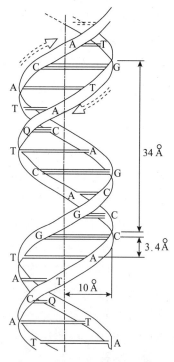

图 14 - 1　DNA 双螺旋结构模型

很明显，这样一个分子模型包含有相当大的生物学意义。它首次为生物的繁殖提供了化学基础。正像沃森和克里克所说的，"DNA 双螺旋结构模型的碱基特异性配对的原则，立即展示出遗传物质可能有的复制机制"，并且指出："倘若得知配对链的一侧碱基的实际顺序，人们就可以写下另一侧的碱基的精确顺序。因此可以说，一条链是另一条的互补链，正是这一特征提示着 DNA 分子为什么会自我复制。"

1953 年以后，许多科学家分析了不同物种的 DNA，结果都证实了双螺旋结构模型的真实性。现在，我们已经能够用高倍的电子显微镜看到 DNA 分子的结构了。不久，DNA 自体复制也从实验上得到了证实。1958 年，梅塞尔松（M. Meselson）和斯塔尔（Stall）研究了大肠杆菌的 DNA 复制。他们用氮的同位素（^{15}N）完全地标记了细菌的 DNA，然后让细菌在全部氮都是 ^{14}N 的培养基里生长。当复制继续进行了几代以后，应用超离心技术观察 ^{15}N 在子细菌 DNA 分子中的分布情况。^{15}N 细菌 DNA 分子和 ^{14}N 细菌 DNA 分子在比重梯度离心以后，出现两条分布水平带。但是他们发现，在 ^{14}N 培养基里生长的 ^{15}N 示踪细菌，分裂一次以后，它们的 DNA 分子分布水平带介于上述两条分布水平带之间。他们还把 ^{15}N/^{14}N 杂合 DNA 分子缓慢加热，使它的双链分开，再把它离心，结果发现两条带：一条是重带（^{15}N），一条是轻带（^{14}N）。这些实验结果表明，^{14}N 参与了 DNA 的复制，并且是半保守形式的，也就是说，每个子代分子都是由一股来自亲代分子的"旧"多核苷酸链和一股新合成的多核苷酸链组成的。

1959 年，美国生物化学家柯恩伯格（R. D. Kornberg）又从酶学的角度证实了 DNA 的复制。他认为 DNA 复制体增生必然受到某种酶的催化，从而提出要分离这种酶，并且研究它的作用机制。为了达到这一目的，柯恩伯格从大肠杆菌中得到蛋白质提取物，然后把它加到含有用^{14}C和^{32}P标记的三磷酸脱氧核苷、镁离子（Mg^{2+}）、三磷酸腺苷（ATP）和引物DNA分子❶等的混合物中，建造了一个无细胞系统。他希望在这一系统中产生坐落在各种三磷酸脱氧核苷中的低分子量的放射性，转移到高分子量的多核苷酸物质中去的酶促作用。结果正像预期的那样，发生了那些带标记的三磷酸脱氧核苷进入到高分子量的多核苷酸链上去的酶催化聚合作用，并且这个聚合作用和DNA的合成相似。为此，柯恩伯格把这种酶（从大肠杆菌中得到的蛋白质提取物），叫做DNA聚合酶。柯恩伯格的实验表明，在DNA聚合酶的作用下，模板DNA能吸取用^{14}C和^{32}P标记的核苷酸合成新的DNA分子。

　　早期人们认为DNA复制是连续的，可是后来发现DNA聚合酶没有异向催化的特性，只能沿着5′到3′的方向催化链的合成。根据这个原则，20世纪60年代中期日本人冈崎设想，DNA的复制过程不是连续的，而是分段进行的，随着母链的解开，在这两条极性相反的模板的指导下，按5′到3′方向合成许多短的DNA片段，人们将其叫做冈崎片段。然后这些短的片段在DNA连接酶的催化下，首尾相连接，成为完整的子链。不久以前，人们已经分离出来一种能够把DNA双链分子中的单链片段的游离端连接起来的酶，人们把这种酶叫做DNA连接酶；并且在噬菌体和哺乳动物的实验材料中已经找到了冈崎片段。

　　虽然在19世纪中叶米歇尔就在细胞核中找到了核酸，但是他并不了解核酸的结构和它的生物学功能。因此他的经验发现还不能对生物学的发展产生任何明显的影响。过了半个多世纪，艾弗里等人和查尔加夫才用充分的实验确证DNA是遗传物质，并且阐明它有特异性。不久，沃森和克里克又应用物理、化学的新

---

❶ 引物DNA分子：DNA聚合酶在离体条件下起作用所必需的单链DNA片段。

技术和生物学的新成果，运用综合的观点研究 DNA 的结构，建立了 DNA 分子双螺旋结构模型，使人们进一步了解到 DNA 在生物界的生物学作用和意义，从而使经验的发现能够上升到理论的说明。因此，验明 DNA 是遗传物质并确定它的双螺旋结构，是 20 世纪自然科学的重大发现，具有划时代的意义。

　　现在，DNA 双螺旋结构模型已经是整个科学界所熟知的事情了。它使经典遗传学的基因概念发生深刻的变化。我们知道，经典遗传学的基因概念是抽象的、不可分的遗传单位，而 DNA 被确定是遗传物质之后，基因却是一个实实在在的化学分子，基因的概念被定义成 DNA 的一个带有遗传功能的片段，这个片段通常带有为蛋白质以及其他核酸编码的一个遗传信息单位。

　　按照这样的概念，不仅完全可以解释经典遗传学所能解释的一切，而且它还能解释经典遗传学所难以解释的一些现象。例如：经典遗传学解释不同性状差异的原因，只能用"不同的基因"来回答，而现在却能用 DNA 链顺序怎样改变，导致产生不同的蛋白质来说明；还有突变，不但可以解释作基因的变化，而且还可以用 DNA 链的重新排列和它的效应来说明；再有经典遗传学不能做出回答，基因为什么能一次又一次地复制，而现在却可以用 DNA 自体复制来说明。除此以外，从分子遗传学观点来看，不能被互换进一步分割的，或者负责突变的 DNA 的量可能只包括一对核苷酸，所以在功能单位内可以进行互换，而发生突变的可能只涉及功能单位的一个小区段（如点突变❶）。所有这些，都大大深化了人们对基因的认识。也就是说，能够从分子水平上来阐明基因的行为，用精确得多的知识来定量地描述遗传和

------

　　❶　按照分子遗传学概念，由一对核苷酸被另一对核苷酸所替换而引起的突变，叫做点突变。

变异这一重要的生命现象。

DNA双螺旋结构的阐明开始了分子生物学的新时代。1961年，国际科学联合会在报告书中明确地把分子生物学和基本粒子物理学并列在一起，并且指出："我们面临着基本粒子物理学、宇宙研究及分子生物学时代中科学的惊人进展。"因此，可以毫不夸张地说，正是DNA双螺旋结构的阐明，把生物学的研究放置到完全定量的基础上来，使生物学在精密科学的行列里找到了自己的位置。所以，人们把这一成果看做是继达尔文进化论以后生物学又一次革命的标志。

● 探明基因作用的机理

关于传递遗传学的基础，经过摩尔根等人的工作已经稳固地建立起来了，因此，人们的注意力开始转向基因是怎样发生作用的问题上。这自然就要涉及生物化学过程，从而促进了生化遗传学的发展。

在基因作用的生物化学研究中，最重要的一个问题是基因怎样控制代谢步骤，亦即如何操纵酶的合成。因为代谢的每一步骤都是由专一的酶所催化的。早在1902年，英国医生加罗特（A. E. Garrod，1858～1936年）第一次引导人们注意到基因和酶的关系。他是从临床医学实践，把这种观念引进到生物学中来的。那时候已经知道有一种白化病，它的病因是由遗传因素引起的。加罗特把正常人和白化病人体内的生物化学反应作了比较，发现白化病是由于缺少一种酶而引起的。由于缺少这种酶，所以病人不能把酪氨酸转变成黑色素。而正常人体是有这种酶存在的，它能催化酪氨酸转变成黑色素的生物化学反应。由此看来，发生在有机体里的这样一种生物化学过程，是受支配这个酶合成的基因控制的。

1923 年，加罗特在黑尿病患者中也发现有类似的情况。在正常个体中，有一个基因是负责血液里一种酶的合成的，这种酶能加速一种正常代谢产物黑尿酸的分解。而在黑尿酸病患者中，等位基因的纯合子却造成了这种酶的缺失，于是黑尿酸就不再分解成二氧化碳和水，而是被排泄到尿里。黑尿酸是一种接触空气以后就变黑的物质，因此病人的尿布或者尿长期放置以后，就会变成黑色。根据白化病和黑尿病这些遗传病代谢异常的资料，加罗特引入了"先天性代谢差错"的概念。他认为，这些患者异常的生化反应，是"先天性代谢差错"的结果，这种差错和酶有关，并且是完全符合孟德尔定律而随基因遗传的。这样，加罗特的工作就初步确立了基因和酶的合成有关的观念。

1935 年，美国遗传学家比德尔（G. W. Beadle）和法国科学家爱弗鲁斯（B. Ephrussi）用果蝇做材料，对突变体眼色的变化作了专门的研究。结果发现，把突变体幼虫的胚胎眼组织移植到正常果蝇的幼虫中，可以观察到这些幼虫在长到成体的时候，能够发育成正常眼。可见，正常果蝇的组织肯定是为突变体眼组织，提供了它们不能合成的某些物质，从而使这些幼虫得到了正常的发育。这样他们就注意到了基因的生化效应。但是后来他们在实验中遇到了困难，比如移植工作不容易做成，在严格控制的条件下进行试验也比较困难，以及果蝇的繁殖对于这样的遗传学研究来说也嫌太慢，等等。于是，他们终止了这样的实验工作。

从 1940 年开始，遗传学家比德尔和美国的生物学家塔特姆（E. L. Tatum，1909 ~ 1975 年）合作，用红色面包霉做材料进行研究。他们发现它有很多优点，如繁殖快，培养方法简单和有显著的生化效应等，因此研究工作进展顺利，并且取得了巨大的成果。他们用 X 射线照射红色面包霉的分生孢子，使它发生突变。然后把这些孢子放到基本培养基（含有一些无机盐、糖和维生素等）上培养，发现其中有些孢子不能生长。这可能是由于基因的突变，使它们丧失了合成某种生活物质的能力，而这种生活物质又是红色面包霉在正常生长中不可缺少的。如果在基本培养基中补足了这些物质，那么孢子就能继续生长。应用这种办法，比德尔和塔特姆查明了各个基因和各类生活物质合成能力的关系，发现有些基因和氨基酸的合成有关，有些基因和维生素的合成有关，等等。

经过进一步研究，比德尔和塔特姆发现，在红色面包霉的生物合成中，每一阶段都受到一个基因的支配，当这个基因因为突变而停止活动的时候，就会中断这种酶的反应。这说明在生物合成过程中酶的反应是受基因支配的，也就是说，基因和酶的特性是同一序列的。于是他们在 1946 年提出了"一个基因一个酶"的假说，用来说明基因通过酶控制性状发育的观点。按照他们的说法，基因决定酶的合成，酶控制生物化学反应，从而控制代谢过程。

虽然"一个基因一个酶"的理论，既没有探究基因的物理、化学本性，也没有研究基因究竟怎样导向酶的形成，但是它第一次从生物化学的角度来研究遗传问题，注意到基因的生化效应，在探索基因作用机理方面有很大贡献。正像亨德莱（P. Handler）在他主编的《生物学与人类的未来》（1970）一书所指出的："一个基因一个酶"的理论，把基因和酶的关系作为基因怎样发生机能的问题中的一个关键性论点，提到鲜明的焦点上来了。

1961 年，法国生物学家雅各布（F. Jacob）和莫诺（J. Monod）在研究大肠杆菌半乳糖代谢的调节机制时，提出了操纵子学说。这个学说对于了解基因怎样通过酶的作用控制性状的发育问题，是很有帮助的。按照他们的见解，必须对三种不同型的基因加以区分：一是结构基因，它含有关于蛋白质结构的信息；二是调节基因，它有调整结构基因活性的作用，能制约一种在正常情况下压制结构基因活性的阻遏物的形成；三是操纵基因，它能协调比较多的基因的活性，也可能是比较多的基因的搭接部分。此外，还有一个启动基因，它是接受RNA聚合酶的地方。

所谓操纵子，是指一系列在作用上密切相关而排列在一起的结构基因和一个操纵基因及启动基因的总和。操纵子的"开""关"，是同调节基和操纵基因的作用分不开的。当操纵基因开放的时候，结构基因可以合成蛋白质（酶）。但是操纵基因又受一种调节基因所指导合成的蛋白质（阻遏物）的控制。调节基因在细胞中能形成一种阻遏物（一种分子量不大的蛋白质），当它和诱导物（如半乳糖等）结合的时候，操纵子就会开放，从而使酶的合成得以进行。当诱导物用尽的时候，阻遏物就自动和操纵基因结合，使操纵子关闭，终止酶的合成。雅各布和莫诺的操纵子学说，用一套调节控制系统，解释了细胞为什么在一定的环境条件下能按需要启动或者阻遏某些基因。

但是，近年来通过对真核类生物的研究，发现对这类生物的基因的表达要复杂得多，雅各布和莫诺的原核生物的操纵子学说，对真核类生物并不适用。因此，当代分子生物学的研究重点，又从细菌和噬菌体等原核类生物转到果蝇、爪蛙、兔子等真核类生物上来了。

细菌、噬菌体等微小的生物，在早期和遗传学的关系并不密切。细菌学家转向注意遗传问题是在20世纪30年代化学疗法应用以后，特别是40年代抗生素的使用，使得细菌学家不得不去研究细菌对致死药物发生抗性的机制问题。正当化学疗法迫使细菌学家转向遗传学研究的时候，生化遗传学的成就又迫使遗传学家把他们惯用的实验材料转向微生物。这样，细菌学和遗传学的结合就是很自然的事情了。1943 年，美籍意大利遗传学家路里亚（S. E. Luria）和德国物理学家德尔布鲁克（M. Delbruck）发表《细菌从抗病毒性到对病毒敏感性的突变》一文，成为细菌遗传学诞生的标志。因为他们的论文第一次提出了在细菌遗传学研究方面需要通过什么样的实验安排和数据处理方法，才能得到有意义的而且是清晰的结果。

德尔布鲁克原是德国的原子物理学家。1935 年，他到美国加州理工学院研究遗传学问题。在那里，他同路里亚和赫尔希等合作，开展了一系列的噬菌体遗传学研究，组成了有名的"噬菌体研究小组"。在他们的研究工作中，曾经设计过这样一个实验：在含有 1 010 个 T_1 噬菌体的培养基上，涂布大约 10^{10} 而不是 10^5 个大肠杆菌，这时候他们发现在培养基上有几个大肠杆菌的菌落[1]。这表明注入的大肠杆菌并没有全部被噬菌体杀死。如果把那些留下来的大肠杆菌取出来，重新涂布在含 T_1 噬菌体的培养基上培养，发现这些细菌全都能产生菌落。这就是说，在这些菌落中，全部大肠杆菌都是抗 T_1 噬菌体的。后来查明，这些大肠杆菌和普通的大肠杆菌不同，在它们的细胞壁上不具有 T_1 噬菌体的接受点，所以 T_1 噬菌体不能附着在这些大肠杆菌上，因而不能将它们杀死。可见，这些大肠杆菌是一个突变型。

在对大肠杆菌、噬菌体的经典研究中所建立起来的细菌遗传学阐明，细菌的突变和高等生物一样，也是服从孟德尔定律的，并且细菌和病毒全被收集在现代遗传学的仓库中，供进一步的利用。实际上，现代遗传学的许多发现，特别是分子遗传学的研究成果，大都是用细菌和病毒做材料取得的。微生物对现代分子生

---

[1] 菌落指在固体培基表面上不断增长的细菌群落，也就是肉眼可以看见的微生物集团。各种微生物菌落特征常有不同，可以供鉴别微生物作参考。

物学的发展曾经起过很大的作用。

在细菌遗传学的研究方面，法国生物学家本泽（K. Benz）的工作也是很出色的。他从 1953 年以来，用 T_4 噬菌体做材料，进行遗传学的研究，取得了两项突出的成就：一是他沿用经典遗传学的研究方法，利用杂交试验绘制出精细的 T_4 噬菌体遗传图；二是他用顺反实验（也就是互补实验❶），证明 T_4 噬菌体基因组 r Ⅱ 区段中，存在着两个功能单位：A 群和 B 群，它们各自决定某一个多肽的合成。本泽把这样一个遗传的功能单位，叫做顺反子。实际上，在论述遗传功能单位的时候，顺反子和基因是同义词。本泽的实验证明，功能单位、突变单位和互换单位，并不是"三位一体"的。基因作为功能单位，它指的是一个具有特定的连续的核苷酸线性序列，而突变可以是其中的一个或者几个核苷酸对，并不一定是整个基因。至于交换，在一个基因组中的任何两对核苷酸之间，都是可以发生遗传物质的交换或者重组的。因此，功能单位、突变单位、交换单位，三者并不是同一概念；本泽把基因分成顺反子、突变子、重组子，证明基因是可分的，打破了传统的"三位一体"的说法。

从以上的叙述，我们不难看出，到 20 世纪 50 年代初，在遗传学的研究方面，细胞化学、生物化学和细菌学的方法和思维，实际上已经十分和谐地结合起来了，这是步入分子水平遗传学研

---

❶　互补实验是研究基因可分性的有效方法之一。进行互补实验的时候，所研究的基因必须是二倍体的染色体和杂型合子。根据这个条件，可以有 + +/ab 和 +a/b + 两种基因型。在这里 + 代表野生型基因，a 和 b 分别代表两个突变基因。+ +/ab 基因型，叫顺式，+a/b + 基因型叫反式。如果用反式基因型实验，得到野生型（也就是有机体或者基因的正常情况）的后代，说明 a 和 b 这两个突变基因之间有互补作用（两个突变在一起能互相弥补它们各自的缺陷）；如果用反式的基因型进行实验没有得到野生型的后代，只有顺式基因型才能表现野生型，说明 +a 和 b + 之间没有互补作用，因此可以把 +a 和 b + 看作一个基因的两个突变点。可见，基因是可分的。

究的重要基础。没有这些学科的汇合，以及在这方面做出贡献的许多科学家的努力和创造性工作，从细胞水平进入到分子水平的遗传学研究是不可能的。当然，那时候人们对蛋白质和核酸这些生物大分子已经有了比较多的了解。而物理、化学的进步又为生物学的研究提供了许多先进的、有效的技术手段，像 X 射线衍射、电子显微镜、电泳、超离心技术和电子计算机等，这些也都是步入分子水平的遗传学研究所必需的条件。

此外，20 世纪 30 年代以来在科学史上出现了一个新的迹象，那就是物理学对生物学的渗透，物理学家和生物学家的协同作战。当时有名的物理学家薛定谔、玻尔、德尔布鲁克等都热心于生物学的研究，他们在 1936 年到 1938 年间，曾经在哥本哈根和生物学家一起，围绕遗传学和细胞学的问题进行过学术讨论，试图用量子力学来解释突变和染色体的力学问题。薛定谔在 1944 年发表的《生命是什么》一书，把物理学原理同经典遗传学结合起来，提出"密码传递""量子跃迁式"的突变等概念，对于生物学的发展影响深刻。这股科学思潮无疑也促进了分子水平的生物学研究。

总之，到 20 世纪 50 年代初，不仅遗传学的进展本身，已经合乎逻辑地提出了需要对基因化学实体进行分子水平研究的课题，而且那时候自然科学技术的进步，也为解决遗传学研究的这一新任务提供了充分的条件。"水到渠成"，从细胞水平深入到分子水平的遗传学研究就是很自然的事情了。

● 遗传密码和中心法则

20 世纪 40 年代，当人们认识到 DNA 是遗传物质而蛋白质是基因的产物的时候，就开始研究这两种生物大分子之间的联系。

1953 年夏天，人们根据下面两点认识提出了遗传密码的设想。第一，在 DNA 多核苷酸链上，核苷酸碱基的确切序列代表了基因的遗传信息；第二，任何基因的信息内容除了代表一个给定的多肽的一级结构（氨基酸排列顺序）之外，不可能有任何其他的东西。这样，就把多核苷酸链上的核苷酸碱基序列和在多肽链上的氨基酸序列联系起来，沟通了这两种多聚物"语言"之间的联系，这种联系也就是今天我们叫做遗传密码的东西。

1954 年，美籍俄国科学家加莫夫（G. Gamov, 1904～1968 年）第一次发表了遗传密码的方案，认为在 DNA 多核苷酸链上，相邻的 3 个核苷酸碱基作为一种氨基酸的密码，这种三联体密码是有重叠的，因此，一个氨基酸可以有几个同义码。虽然加莫夫的方案是纯理论的探索，并没有实验作为依据，但是其中有些设想还是合理的。从加莫夫所提出的密码方案来看，遗传密码的问题，实质上也就是核酸中的 4 种碱基次序怎样决定蛋白质中 20 种氨基酸次序的问题。它包含有两个方面的课题：一是一般方面的，这就是有关密码的性质、密码单位的长短和它的句读方式；二是特殊方面的，这就是究竟哪一种核苷酸排列决定什么样的氨基酸，或者说要知道决定每个氨基酸的碱基次序究竟是怎样的。

早在 20 世纪 50 年代，布拉舍特和卡斯帕森就提出 RNA 控制蛋白质合成的论点。后来，人们证实合成是在细胞质中的核糖体上进行的，同时发现 DNA 受酶破坏以后仍然有蛋白质的合成，可见蛋白质的合成并不受细胞核中 DNA 的直接干预，因此设想 DNA 是通过细胞质中的 RNA 来控制蛋白质合成的，RNA 是蛋白质合成的直接模板。但是，RNA 作为蛋白质合成的模板，是直接同氨基酸发生作用的吗？

1955 年，克里克发现核酸通过和氨基酸的直接结构的相互作用，为蛋白质合成编制程序，看来并不那样简单。那时候已知道核酸三体密码（占核苷酸链长的 10 埃）和氨基酸的分子大小（约是 2~3 埃）有明显的化学上的不一致。因此他提出适配器学说，认为适配器分子能作为氨基酸和核酸之间的中介物，也就是说，氨基酸并不和模板直接结合，而是首先和一种特异的受体分子结合。这样，模板和氨基酸－适配器复合体的大小就能一致起来。1957 年，美国生物化学家霍格兰在大鼠的提取液中发现，有一种 RNA 能特异地和氨基酸结合。这个发现立即被认为是这种没有带着氨基酸的适配器分子。它就是后来被叫做运载 RNA（常用 tRNA 来代表）的分子。克里克的推断是完全正确的。它说明合成蛋白质的模板不是和氨基酸的侧基相结合，而是和氨酰－tRNA 中的一组特殊碱基（反密码子）相结合。在这里，tRNA 是作为氨基酸的载体而直接参与蛋白质合成的。tRNA 分子的结构有高度的一致性，都能排成一个自身折叠的三叶草型结构。它的一端结合着一个特定的氨基酸，而另一端带有和信使 RNA 密码子（就是为特定氨基酸编码的三个核苷酸顺序）互补的反密码子，因而能在核糖体上按信使 RNA 确定的顺序合成肽链。

1961 年，雅各布和莫诺把这种能使遗传信息从 DNA 转移到核糖体上去的物质叫做"信使"；并且提出每个 DNA 基因的核苷酸顺序是转录在 RNA 分子上的，从而确定了 RNA 的信使作用。现在已经查明，RNA 是从 DNA 分子上转录下来的。所谓转录，就是用 DNA 做模板合成 RNA 的作用。转录的结果产生三种 RNA，它们是信使 RNA（常用 mRNA 来代表）、运载 RNA（常用 tRNA 来代表）和核糖体 RNA（常用 rRNA 来代表）。这三种 RNA 的作用是不同的。rRNA 和一些蛋白质一起形成核糖体，它的作用好像装配机，是细胞里蛋白质合成的场所；mRNA 带有合成蛋白质所需要的信息，是蛋白质合成的直接模板，它从细胞核移到细胞质中以后就附着在核糖体上；tRNA 是运载氨基酸的工具，有很高的特异性，它把细胞质中游离的各种氨基酸收集起来，把它们运载到核糖体上去，在那里这些氨基酸按照 mRNA 专有的碱基顺序连接起来，最终完成蛋白质的合成。显然，在这里 tRNA 还起到了"翻译者"的作用，因为它熟悉两种"语言"，这就是核酸的"语言"和蛋白质的"语言"。

早在 1958 年，克里克曾经根据实验所提供的事实提出中心法则，认为遗传信息只能从核酸流向蛋白质，传递是单方向进行的：DNA→RNA→蛋白质。

进入 20 世纪 70 年代以后，在深入研究 RNA 病毒致癌机理的过程中，美国科学家特明（H. Temin）和巴尔的摩（D. Baltimore）等人，分别在 RNA 肿瘤病毒中发现和证实有一种反转录酶的存在。在这种酶的参与下，可以用 RNA 作为模板来合成 DNA。可见，中心法则不是绝对的，遗传信息也可以从 RNA 流向 DNA，再到蛋白质。因此，克里克把他的中心法则图式改成图 14 - 2 的形式。

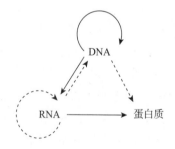

图 14 - 2　修改后的中心法则

注：实线箭头表示一般情况，虚线箭头表示特殊情况。

由于在核酸（DNA 或 RNA）的核苷酸序列中，隐藏着调控蛋白质合成等生命的重要秘密，因此，就很自然地吸引着许多热心探索生命奥秘的科学家，去从事测定核苷酸序列的工作。从 1965 年起，菲耳斯（W. Fiers）等人就开始研究噬菌体 MS_2RNA 的结构。经过多年的努力，他们终于在 1975 年搞清了 MS_2RNA 分子的全核苷酸序列。根据他们的研究，MS_2 由 3 569 个核苷酸组成，共有 3 个基因分别负责 A 蛋白、外壳蛋白和复制酶的合成。MS_2 核苷酸的序列是：5′-端有 129 个核苷酸的先导序列，接下去依次是 A 蛋白基因（由 1 179 个核苷酸组成）；基因间隔区段（由 26 个核苷酸组成）；外壳蛋白基因（由 390 个核苷酸组成）；基因间隔区段（由 36 个核苷酸组成）；复制酶基因（由 1 635个核苷酸组成）；最后在 3′-端有 174 个核苷酸的终末序列。这样，在 MS_2RNA 分子中三个基因之间及前后两端共有 365 个核苷酸是不能翻译成蛋白质的插入顺序。1977 年以来，桑格、菲耳斯等人又相继测出了噬菌体 φX174DNA 的全核苷酸序列，以及病毒 SV_{40} 和噬菌体 fd 的全核苷酸序列。他们的这些研究成果可以和 20 世纪 50 年代桑格测定胰岛素的一级结构相比。搞清楚各种生物的全核苷酸序列，对于阐明遗传和进化方面的重大问题是很有帮助的。

　　1961 年是遗传密码工作取得重大进展的一年。在这一年，克里克和布伦纳（S. Brenner）等人的工作解决了遗传密码的一般问题。他们用 T_4 噬菌体 rⅡ基因做材料，使用原黄素类化学诱变剂处理，最后应用移码突变❶的方法证明：在一条多核苷酸链的两个相邻核苷酸中间，插入一个核苷酸所引起的突变，会使译码过程中读码的起点位移，结果在肽链中插入了一段不正确的氨基酸，而当在该噬菌体的 DNA 中减去一个碱基，或者再加上两

---

❶ 这种突变的产生，是由于 mRNA 链上增加或者缺失的核苷酸不是三个所引起的遗传密码变化，致使译码过程"读码"的起点位移，从 mRNA 上的异常点开始，被"读"到是一系列新的密码子。移码突变的结果，是在肽链合成中插入一段不正确的氨基酸顺序。

个碱基的时候，结果却恢复到原来的样子，没有突变性状。例如，如果野生型密码子的顺序是……AUG CAU GUU AUU……那么在箭头处插入一个碱基使改变读码的（＋）突变成：

（＋）

……AUG CCA UGU UAU……

而在读码内另一点改变的（－）突变是：…… AUG

（－）

CAU GUA UUU……

这样，一个（＋）和（－）的组合可以使读码得到恢复：……

（＋）　（－）

AUG CCA UGU AUU……

虽然改变了一小段的氨基酸的顺序，但是并不影响蛋白质的功能。可见核酸密码确实是由 3 个核苷酸一组组成的，三体密码得到了证实。根据他们的发现，关于遗传密码可以得出三个一般性的结论：第一，信息从一个固定点（可能是基因的一端）不重叠地连续读出，信息读得对不对，取决于起读点；第二，信息读成的组是固定大小的，就是 3 个核苷酸一组；第三，大多数的三体密码都可以决定一个氨基酸的合成，只有少数是没有意义的，因此很多氨基酸可以有一个以上的同义码。

1961 年的夏天，在解决密码的特殊问题方面也有了重大的突破。美国生物化学家尼伦伯格（M. W. Nirenberg）和德国科学家马太（H. Matthaei）在获悉关于 mRNA 的报道以后，决定建立一个无细胞系统，并且把编有氨基酸顺序密码的 mRNA 分子引进到无细胞系统中，用来指导合成某一种多肽。有一天，他们把人工合成的多聚尿苷加到无细胞系统中去，结果发现这种全部碱基都是尿嘧啶（U）的单一的多聚尿苷，能产生同样是单一的多肽的离体合成，即它的氨基酸残基全部是苯丙氨酸。这就证明苯丙氨酸的密码是 UUU。这个实验是很成功的。它是体外实验证明基因效果的第一步，并且开辟了一条阐明全部遗传密码主要特点的道路。

在获悉尼伦伯格和马太的成功实验以后，美籍西班牙生物学家奥乔阿（S. Ochoa）和他的同事也进行了另一系列完全相似的译码实验。他们在一年时间里就搞清楚了许多氨基酸的密码子的经验公式，例如查明 U2A 是酪氨酸和异亮氨酸的密码子，U2C 是丝氨酸和亮氨酸的密码子，U2G 是缬氨酸和半胱氨酸的密码子，等等。但是从这些氨基酸的经验公式中，只知道它的密码组成而不知道它的排列顺序。

为了解决密码的排列顺序问题，1964 年美籍印度生物学家柯拉纳（H. G. Khorana）做了一个出色的实验。他首先成功合成了一个 UG 交替的共聚物：……UGUGUGUGUGUG……然后用它作为合成蛋白质的信使，结果产生一个交替的多肽链：……半胱氨酸—缬氨酸—半胱氨酸—缬氨酸……这样，就可以确定亮氨酸的密码子 U2G 不是 UGU，色氨酸和甘氨酸的密码子 UG2 也都不是 GUG，因为 UGU 只产生半胱氨酸，而 GUG 只产生缬氨酸。

1966 年，克里克根据已经取得的成果，排列出一个遗传密码表，见表 14－1。

表 14－1　遗传密码表

5′－末端碱基	中间碱基				3′－末端碱基
	U	C	A	G	
U	苯丙氨酸	丝氨酸	酪氨酸	半胱氨酸	U
	苯丙氨酸	丝氨酸	酪氨酸	半胱氨酸	C
	亮氨酸	丝氨酸	终　止	终　止	A
	亮氨酸	丝氨酸	终　止	色氨酸	G

5′-末端碱基	中间碱基				3′-末端碱基
	U	C	A	G	
C	亮 氨 酸	脯 氨 酸	组 氨 酸	精 氨 酸	U
	亮 氨 酸	脯 氨 酸	组 氨 酸	精 氨 酸	C
	亮 氨 酸	脯 氨 酸	谷氨酰胺	精 氨 酸	A
	亮 氨 酸	脯 氨 酸	谷氨酰胺	精 氨 酸	G
A	异亮氨酸	苏氨酸	天冬酰胺	丝 氨 酸	U
	异亮氨酸	苏氨酸	天冬酰胺	丝 氨 酸	C
	异亮氨酸	苏氨酸	赖 氨 酸	精 氨 酸	A
	甲硫氨酸	苏氨酸	赖 氨 酸	精 氨 酸	G
G	缬 氨 酸	丙氨酸	天冬氨酸	甘 氨 酸	U
	缬 氨 酸	丙氨酸	天冬氨酸	甘 氨 酸	C
	缬 氨 酸	丙氨酸	谷 氨 酸	甘 氨 酸	A
	缬 氨 酸	丙氨酸	谷 氨 酸	甘 氨 酸	G

注：上表的读法是先读左边的碱基，再读中间的碱基，最后读右边的碱基。表中所对应的氨基酸就是这个"三联体"所代表的氨基酸。例如，UCA 代表丝氨酸，CAU 代表组氨酸，而 ACU 代表苏氨酸。

这个遗传密码表有下面三个特点：第一，几乎所有的氨基酸都有一个以上的密码子，只有甲硫氨酸和色氨酸只有一个密码子表示；第二，密码有明显的结构，同一氨基酸的同义码几乎都在同一方格中（有六个同义码例外），因此一个密码子同另一个密码子的区别只在它们第三个核苷酸中的最后一个；第三，密码表中有三个没有定义的密码子——UAG、UAA 和 UGA，它们都不代表任何氨基酸。

20 世纪 70 年代末，比利时肯特大学的菲耳斯等人用 MS_2 噬菌体做材料，对三体密码表作了精确的验证。前面讲到 MS_2 是由 3 569个核苷酸组成的单链 RNA 分子，总共有三个基因，分别负责 A 蛋白、外壳蛋白和 RNA 复制酶的编码。菲耳斯分析了 MS_2 外壳蛋白的 129 个氨基酸的顺序，也分析了决定外壳蛋白的基因的 390 个核苷酸的顺序，发现它们两者之间的关系完全符合密码表上的规定。现已查明，三体密码在整个生物界都是适用的。因此，遗传密码的阐明是继细胞学说之后，又一次具体地证实了有机界的统一性。它在分子水平上进一步揭示了有机体产生、生长和构造过程的秘密；并且由于遗传密码的提出，在生物体里的化学变化中，又增加了信息量变化的新概念，使生物学的内容更加丰富。

近年来，许多实验室对真核细胞基因的分析研究表明：DNA 上的密码顺序一般并不是连续的，而是间断的；中间插入了不表达的，甚至产物不是蛋白质的 DNA，相继发现"不连续的结构基因"❶、"跳跃基因"❷、"重叠基因"❸ 等。这些研究成果说明，功能上相关的各个基因，不一定紧密连锁成操纵子的形式，它们不但可以分散在不同染色体或者同一染色体的不同部位上，而且同一个基因还可以分成几个部分。因此，过去的"一个基因一个酶"或者"一个基因一条多肽"的说法就不够确切和全面了。

1978 年，吉尔伯特（W. Gilbert）在一篇文章里提出，基因是一个嵌合体或者转录单位的新概念。他认为基因作为一个嵌合体，包含着两个区段：一个是在信息成熟时候将要消失的区段，叫基因内区；另一个是将被表达的区段，叫基因外区。前者的 DNA 量比后者大 5 ~ 10 倍，并且基因外区镶嵌在基因内区的基架中。这种由基因内区和基因外区交替组成的镶嵌体，也叫做转

---

❶ 结构基因指核苷酸序列中间插入有和氨基酸编码无关的 DNA 间隔区，使一个基因分隔成若干不连续的区段。

❷ 跳跃基因指可以移动的 DNA 片段基因。

❸ 重叠基因指不同基因的核苷酸序列有时候是可以共用的，也就是说：它们的核苷酸序列是彼此重叠的。

录单位。在同一个转录单位中，常常会因为个别碱基的突变而在拼接处发生更改，或者因为某段基因内区转变成基因外区而增加信息的内容。因此，同一个转录单位相当于许多条肽链，而这些肽链的功能，或者是互相有关联的，或者是很不相同的。

既然遗传密码决定蛋白质的合成，控制生物性状的发育，那么遗传学的进一步发展必然又要和发育生物学联系起来。我们都知道，在遗传学研究的早期，就是同生物的性过程和胚胎发育联系在一起的，后来才分道扬镳，而现在又有汇合的趋势。

在分子水平上研究遗传和发育的关系，将会为生物学、农业科学和医学开创新的局面，为人类创造幸福。正像亨德莱（P. Handler）在他主编的《生物学与人类的未来》一书所指出的："我们对遗传新进展的了解，已经改变了我们探讨发育的战略，并且也改变了探讨发育的语言。知道了受精卵来自双亲的遗传成分，就可以预测它们后代的许多最后的、可以看得见的特点"；他乐观地展望，"我们或许能够剪裁一段DNA来适合一系列特殊情况的需要。例如，对于已经知道的由于缺少载有密码的DNA而缺少某一种酶的胎儿或者新生儿，我们可能借一种病毒的帮助来增添适当的一段DNA。这种生物工程学的最终目标，已经不像近10年前的时候那样显得牵强附会了。"

第十五章

遗传工程和人类基因组计划

● 细胞水平的遗传工程

从广义上说，遗传工程就是用人工的手段去改造生物的遗传性状。不过不同的时代有不同的内容。个体水平的遗传工程（如杂交、嫁接等）很早就有了。细胞水平的遗传工程（如核移植技术）是 20 世纪 60 年代才发展起来的新技术。1968 年，美国生物学家戈登（J. B. Gurdon）等人做过如下实验：把一个已经分化的非洲爪蟾（xenopus laevis）蝌蚪的肠上皮细胞的核取出，移植到已经把核去掉的同种个体的卵细胞中去，结果发现这种换了核的卵细胞很多不能正常发育，但是仍然有一部分能发育出正常的蝌蚪。这说明已分化的肠细胞核内仍包含有全套遗传信息，可以发育成新个体。他们的研究工作开创了克隆技术的先河。生物学通常把由一个祖先个体经无性生殖繁衍成为遗传上基本相同的后裔个体群，称为无性繁殖系或克隆（clone）。所以核移植技术也属于克隆技术之一。

1997 年，英国胚胎学家伊恩·维尔穆特（I. Wilmut）用核移植技术培育出一头克隆羊，命名为多莉。

维尔穆特研究组从 1994～1996 年间，经过 247 次反复实验才取得成功。该小组从一只成年母羊身上取得卵子，去除细胞核，从另一只 6 岁母羊的乳腺上取得体细胞，将其中的细胞核移植到上述的去除了核的卵中去，在促使其发育到一定程度后，植入到第三只母羊的子宫内，发育并最终生下这只小母羊——多莉。2003 年，多莉由于遭受肺病和关节炎的折磨，被实施安乐死。

多莉的诞生证明克隆技术可以应用到哺乳动物细胞上，这是生物技术的一次重大突破，从而在全球范围内引发了一场关于克隆技术的利与弊，以及如何应用克隆技术的争论。这场争论涉及克隆技术能否应用于人类，意义非常深远。

任何科学技术都有利有弊。值得注意的是，利和弊也是相对的，在一定的条件下是可以相互转化的。因此，关键是人类如何应用。我们可以将克隆技术用于造福人类，也可以滥用它去干一些罪恶的勾当。为此，我们首先必须搞清楚克隆技术的科学事实，然后对其或近或远的社会后果进行全面、公正、合理的评估，化解风险和冲突，并建立相应的社会调控机制，规范科学家的行为，使克隆技术的发展走向正轨。

克隆技术的用途很广，最令人着迷的是有关干细胞的研究。干细胞是一类具有自我复制能力的多潜能细胞，在一定的条件下，它可以分化成多种功能的细胞。如早期胚胎细胞，就是一种未充分分化、尚不成熟的细胞，具有再生各种组织细胞和人体的潜在功能。除胚胎干细胞之外，还有成体干细胞，如表皮和造血系统，它们也具有修复与再生能力。

在干细胞的研究中，克隆胚胎（14 天胚胎）干细胞的开发，是当今热门的话题之一。因为它可以用于治疗老年智障等疾病和修复被损坏的器官等。据此，有人形象地把这样的干细胞比拟为生产人体器官的"工厂"。

● 分子水平的遗传工程

20 世纪 70 年代，生物学家又深入到分子水平或者基因水平，改变生物的遗传性状，被狭义地称为分子水平的遗传工程——基因工程。它的特点是在分子水平上，借助生物化学手段把一种生物的遗传物质提取出来，在体外进行切割和重组，然后再引入到另一种生物体内，来改变或者创造新的生物品种。所以也叫作重组 DNA 技术。

基因工程出现在 20 世纪 70 年代，这并非偶然，而是合乎科学发展规律的。我们知道，在一般情况下，不同物种的生物由于生殖的隔离是难以杂交的。但是，遗传密码的阐明，三体密码的统一性，从病毒、细菌到人类都是通用的，这就打破了物种的界限，可以实现分子杂交。

进行基因工程这项工作，主要依靠两类东西：限制性内切酶和基因载体。前者能够把 DNA 分子在一定的部位打开；后者能够与目的基因结合并把目的基因运送到受体细胞中去。

进行基因工程的先决条件是要得到某一特定的基因——目的基因，也就是说要先把基因分离出来。1969 年，美国学者夏皮罗（J. Shapiro）等第一次成功地分离出大肠杆菌半乳糖苷酶基因，使人工分离基因的想法得以实现。接着，在 1970 年柯拉纳又用人工方法合成了酵母丙氨酸 tRNA 基因（含有 77 个碱基对）。这些是实现基因工程很重要的技术手段。

核酸限制性内切酶的发现和应用也是实现基因工程的重要一环。早在 20 世纪 60 年代早期，瑞士的阿尔伯（Arber W.，1929～）就观察到大肠杆菌里有些核酸内切酶能限制某些病毒核酸对生物体的浸染。于是他提出细菌体内存在着一种限制——改造酶系统，推测到有切断 DNA 特异序列的酶存在。阿尔伯的发现，在 1972 年被美国科学家史密斯（Smith）等人所证实。他们提纯了核酸限制性内切酶（简称内切酶），发现它在特定的部位能把 DNA 裂解，从而使基因分离，为重组 DNA 创造了条件。内切酶发现以后，美国生物化学家内森斯（Nathams D.，1928～）等很快把它应用在遗传学的研究上面，作为分子遗传学中的重要课题。到 1976 年，已经分离出将近 100 种内切酶。这些内切酶大致分为两类：一类分子量比较大，在 30 万左右，没有特异性；另一类分子量比较小，一般在 2 万～10 万之间，有特异性，例如大肠杆菌的内切酶能识别 G－A 或 A－G 部位，并且在这些部位上把 DNA 裂解开。

用于分子杂交的目的基因，是不能直接引入受体细胞的，因为每种生物都是长期的历史产物，有强烈的排他性，异源 DNA 如果没有适当的保护，单枪匹马地进入受体细胞，将会受到破坏，不能保存下来，更谈不到增殖和发挥它的功能了。因此，需要找到一种运载基因的载体作为媒介物，把目的基因引入受体细胞。

1972 年，美国斯坦福大学生物化学家 P. 伯格（P. Berg）首次用类人猿病毒 SV_{40} 的 DNA 与噬菌体 P_{22} 的 DNA 连接在一起，构成了第一批重组 DNA 分子。

1973 年，美国斯坦福大学的科恩（S. N. Cohn）和旧金山分校的博耶（H. Boyer）等人又进一步发展了这项技术。他们在试管中把大肠杆菌里的两个不同质粒（存在于细菌细胞染色体外的一种比较小的环状 DNA 分子）p^{sc101}（抗四环素）和 RSFIO10

（抗链霉素）重组到一起，形成杂合质粒 p^{sc109}，然后把这种杂合质粒引进到大肠杆菌中去，结果发现它在那里能复制并且表现出双亲质粒的遗传信息。这样人们就找到了理想的基因载体——细菌的质粒。现在基因工程中常用的载体除 p^{sc109} 外，还有病毒 SV_{40}（又叫做猿猴病毒 40）等。

● 遗传工程的应用前景

基因工程的应用前景非常诱人。在农业上，有人设想用基因工程的方法，从固氮基因转移中得到有实用价值的菌株，通过工业发酵来获得氮肥；或是把固氮的 DNA 转移到某些微生物体里，使它像根瘤菌那样发生作用，提供氮肥；或是把根瘤菌的固氮基因转移到粮食作物中去，建立植物的"小化肥厂"，直接从空气中摄取养料。这些方面的研究虽然取得了一些成就，但是离实际应用还很远。

在医学上，有人提出用健康基因置换有病基因，来达到治疗遗传病的目的。这实际上也是优生学❶的一个内容。1971 年，美国科学家梅里尔（Merril）从大肠杆菌得到负责半乳糖消化的基因，然后把它植入一种噬菌体中，并且用后者去感染离体培养的患有半乳糖血症病人的成纤维细胞。把感染的成纤维细胞继续培养，发现其中有半乳糖转移酶的活性，而且持续了许多世代，前后长达 41 天。这说明细菌的基因及其遗传信息能在人体细胞中表达，也意味着有选择地把细菌引入人体细胞，有效地改变人体细胞的代谢途径将是可能的。在试图应用遗传工程的方法生产有

---

❶ 1869 年，英国生物学家高尔顿把《物种起源》中的遗传观念应用在人类智力的遗传上。他研究了人类生理和心理特点的遗传，并且在 1883 年把研究人类可以遗传的天赋特点和运用这种知识来增进人类福利的学问叫做优生学。

价值药物方面，美国霍普市医学中心研究小组的工作是引人注目的。1977 年 12 月，他们把人脑激素基因移入大肠杆菌中，产生具有功能的生长激素释放抑制素。这一重大突破引起了科技界的轰动。

继他们之后，1978 年 6 月，美国的吉伯特研究组的科学家又成功地把老鼠身上提取的制造胰岛素的基因，植入到普通细菌细胞的遗传物质里，结果在试管中培养的细菌开始产生老鼠胰岛素。紧接着，1978 年 9 月，美国加州大学的研究者又用人工合成的人胰岛素基因掺入到无害的大肠杆菌中，获得功能性的表达。这样，杂种大肠杆菌就成为一个"活的工厂"，在那里产生胰岛素了。过去用传统工艺产生 10 克人胰岛素，需要猪或牛的胰腺 1 000 磅，而用基因工程菌在细菌工厂里发酵生产，在 200 升发酵液中就可以提取同量的胰岛素。这些工作表明，应用基因工程的方法，试图治疗遗传病或者生产有价值的药物，前景是乐观的。此外，应用基因工程制造出来的"超级细菌"能吞吃多种污染环境的物质，起到保护环境的作用。

● 遗传工程的产业化

当基因工程刚刚登上现代科学技术的舞台时，科学家们还未意识到进行商业开发的可能性。但是具有科学头脑的美国风险投资家斯旺生（R. S. Swamson）却敏锐地觉察到重组 DNA 技术有着巨大的商机和潜在价值。他不失时机地找到有关科学家共同创建了一家名叫 Genetich 的基因工程公司（1976）。这家公司到 1981 年已拥有资金 7 250 万美元。没有想到，这就是以后风靡全球的生物技术工业化热潮的起点。

基因工程给人类带来的经济效益是显而易见的。例如：过去生产干扰素用人血液中的白细胞做材料，产品非常有限而且价格昂贵。现在用基因工程的方法让细菌合成干扰素，大大降低了成本而且产量也相当可观。每公升大肠杆菌培养液能产生相当于1 200升人血中的获得量。由此可见，一旦把科学技术并入生产过程，就会大大提高劳动生产率，带来社会生产力的飞跃。

目前，人类60%以上的生命科学成果集中应用于医药工业。这些药物包括细胞因子、疫苗、毒素、抗原、血清、DNA重组产品、体外诊断试剂等，在预防、诊断、控制乃至消灭传染病、保护人类健康、延长生命过程中发挥着越来越大的作用，使得医药产业成为最活跃、发展最快的产业之一。

现在，基因工程的应用已有望逐渐形成一种最时兴的工业。据报道，仅美国至少有数以千计的制药、食品、能源和矿产等产业公司或工厂设有遗传工程部门。美国一些有名望的具有开拓精神的公司如杜邦公司、先锋种子公司、施多福化学公司、通用电器公司等都争先恐后地建立基因工程研究室，试图挤进基因工程产业的先进行列。

可以预料，随着基因工程的进展，还将会出现一大批像基因工程公司那样的新兴产业。这些新兴产业以低耗能、少污染、原料可更新、产品价值高、经济效益好为特征，而对未来的工业产生了深远的影响。

虽然，基因工程有可能给人类带来非常美好的前景，但是它也存在着某些潜在的危险。例如：如果把剧毒病原体引入大肠杆菌，一下子就会变成可怕的杀人武器；由于实验设备不严密，控制不好，使带有危害人类的实验材料逃逸出来，也有可能引起灾难性的后果；假如管理不善，让大量重组DNA分子（自然界本来不存在的东西）到处扩散，以致影响或者破坏自然界的生态平衡，后果也是不堪设想的。

但是，这些潜在的危险只是一种可能性，只要我们在研究、使用过程中严加控制，妥善管理，认真对待，采取严密的预防措施，这些潜在的危险是完全可以避免或者克服的。因此，对于基因工程可能带来的危害，过分的忧虑是没有必要的。

● 人类基因组计划问世

自从 20 世纪初丹麦生物学家约翰逊把孟德尔的"遗传因子"改名为"基因"以来，发生过许多变化。最引人注目的是美国生物学家摩尔根，根据他的遗传学研究，把基因定义为：在生殖细胞染色体上作直线排列的遗传单位。但是这个概念还没有把基因实体化。后来经过许多科学家的研究，最终在 20 世纪 50 年代找到了基因的化学实体——脱氧核糖核酸（DNA）。从此，基因被定义为：DNA 分子上具有遗传效应的特定核苷酸序列，是遗传物质的最小功能单位。它通过复制可以把遗传信息传递给下一代并将其信息表达出来。因此，搞清楚核酸分子核苷酸的排列顺序及其在染色体上的位置就显得十分重要了。

早在 20 世纪 70 年代，桑格、菲耳斯等人就相继测出了 MS_2 等多种微生物的全核苷酸序列。他们的工作对于阐明遗传和进化等方面的重大问题是很有帮助的。不久，人们就想到要把高等动物（包括人类在内）的全核苷酸序列测定出来。

美国科学家率先提出测定人类全核苷酸序列的设想。1984 年，美国能源部组织召开了一个小型的专业会议，讨论测定人类整个基因组的 DNA 序列的意义和前景。一年后，由能源部的辛施默（R. L. Sinsheimer）主持的一个会议上提出了测定人类基因组全序列的动议，并由此形成了美国能源部的"人类基因组计划"草案。

1986 年，杜尔贝科（R. Dulbecco）在《科学》杂志上发表文章指出，人类基因组计划的意义可以与征服宇宙的计划相媲美。"这样的工作是任何一个实验室难于单独承担的项目。这个世界上发生的一切事情，都与这一人类的 DNA 序列息息相关。"同年，在美国冷泉港，吉尔伯特（W. Gilbert）和伯格（P. Berg）主持了有关人类基因组计划的专家会议。一年后，能源部等有关单位开始筹建人类基因组计划实验室。1988 年，美国成立了国家人类基因组计划研究中心，由 DNA 双螺旋结构发现者之一、动物学家沃森出任第一任主任。

经过 5 年左右的辩论，美国国会批准了美国"人类基因组计划"（Human Genome Project，HGP），于 1990 年 10 月 1 日正式启动。其规模在世界上是最大的，计划在 15 年内投入至少 30 亿美元进行人类基因组的分析。

为什么选择人类的基因组进行研究？因为人类是在进化历程上最高级的生物，对它进行研究有助于认识人类自身、掌握生老病死规律、疾病的诊断和治疗，乃至了解生命的起源等。

人类基因组计划的宗旨，在于阐明人类基因组 30 多亿个碱基对的序列，发现人类所有基因并搞清楚它们在染色体上的位置，破译人类的全部遗传信息，使人类第一次在分子水平上认识自我。

人类基因组计划的最主要目的是：解码生命，探索生命起源，了解生物体生长、发育规律，认识种属之间和个体之间变异的原因，乃至探知疾病产生的机制以及长寿与衰老等生命现象，为疾病的诊断、治疗提供科学依据。

因此，人们把这个被誉为"生命科学阿波罗登月计划"的人类基因组计划，与曼哈顿原子弹计划、阿波罗登月计划并列为三大科学计划。

1990 年 10 月，国际人类基因组计划正式启动。初期只有美国、英国、法国、德国和日本五个国家参与。中国作为一个人口大国、遗传资源大国，参不参与这一国际合作？经过一段时间的讨论和酝酿，中国"人类基因组计划"于 1993 年年初在吴旻院士、强伯勤院士、陈竺院士和杨焕明教授的倡导下正式启动了。

中国"人类基因组计划"虽然起步较晚，但锲而不舍，除中国科学院的人类基因组计划之外，还相继在上海和北京各成立南、北两大中心，制定了自己的策略。不久，于 1999 年 7 月申请加入了国际"人类基因组计划"这个"国际测序俱乐部"。

1999 年 9 月 1 日，在英国伦敦举行的第五次人类基因组测序战略会议上，中国被接纳为新的成员，并获得了负责测定人类基因全部序列的 1%。这"1% 项目"是指人类第 3 号染色体断臂上的一个约 30Mb 区域的测序任务，因为该区域约占人类整个基因组的 1%，故简称为"1% 项目"。

正是这 1% 项目，使我国成为人类基因组计划的新成员，从此参与国际人类基因组计划的就有美国、英国、法国、德国、日本和中国六个国家，改变了国际人类基因组研究的格局，提高了人类基因组国际合作的形象；并且我国也就理所当然地可以分享到人类基因组计划的全部成果与数据、资源与技术，同时拥有有关事务的发言权。

● 人类基因组序列图谱完成

人类基因组的主要任务就是对人类的 DNA 进行测序，并绘制出四张图谱：遗传图谱、物理图谱、序列图谱、基因图谱。其中序列图谱是"重中之重"。1998 年，以克雷格·文特（Craig Venter）为首的一批科学家在美国组建赛莱拉（Celera）遗传公司，与柯林斯（F. Collins）领导的美国国家人类基因组计划，在绘制图谱上展开了激烈的竞争。

2000年6月26日，参与国际人类基因组计划的六个国家宣布，人类基因组草图的绘制工作已经完成。这标志着人类在解读自身"生命之书"的路上迈出了重要的一步。

2001年2月12日，国际人类基因组计划六个参与国和美国赛莱拉公司，分别在《科学》和《自然》杂志上公布了人类基因组精细图谱以及初步分析结果。两个不同的组织，使用不同的方法（前者使用基因图策略，后者使用鸟枪策略），都实现了共同的目标：整个人类基因组的测序工作；并且两者的结果惊人地相似。

随着人类基因组被破译，一张"生命之图"已被绘就，人们的生活也随之发生巨大的变化。诸如：通过对疾病的认识、药物的开发、疾病治疗的对症下药和对生活习惯的调整，人类的整体健康状况将有所提高，人们将积极参与认识和描绘他们个性化的健康特征，选择更健康的生活方式，从而达到更好的健康结果；通过控制人体的生物化学特性，人类将能恢复或修复自身的细胞和器官的功能，乃至改变人类的进化过程。

总之，整个人类基因组测序工作的完成，不仅对生命本质、人类进化、生物遗传、个体差异、发病机制、疾病防治、新药开发、健康长寿等领域，乃至整个生命科学都具有深远的影响和重大的意义。但它同时也带来了人类基因组研究所引发的伦理学问题。诸如：利用和解释遗传信息时如何保护隐私和达到公正；新基因技术整合到临床时如何处理知情同意等问题；对于参与基因研究的人类受试者如何保护个人隐私；等等。

人们在获取了基因的全部序列信息后，必须进一步了解所有这些基因的功能是什么，它们是怎样发挥功能的。这样基因的遗传信息才能与生命活动之间建立直接的联系。为此，人类基因组计划当前的整体发展趋势是：结构基因组学正在向完成染色体的完整核酸序列图目标奋进；功能基因组学已经提到议事日程上来。

当人类基因组测序已经完成，基因组学的任务就很自然地转到了研究基因的功能上来。而基因的功能是要通过所指导合成的蛋白质来体现的。因此，研究蛋白质的结构功能及其相互作用就显得十分重要了。可以说，现在人类基因组计划已经进入由结构基因组学向功能基因组学过渡、转换的过程。今后在功能基因组学研究中可能的核心问题将会是：基因组的表达及其调控、基因组的多样性、模式生物（果蝇、小鼠等）基因组的研究等。

蛋白质组学作为后基因组时代的主要标志，所要研究的内容有两个方面：一个是从整体水平上研究蛋白质水平和修饰状态；另一个是建立蛋白质相互关系的目录。在这里，研究人体全套蛋白质系列的科学——人类蛋白质组学，尤其引人注目。

蛋白质组与基因组相对应，也是一个整体的概念，是基因组表达的全部蛋白质。但两者又有根本的区别：一个有机体只有一个确定的基因组，组成该有机体的所有不同细胞都共享同一个基因组；但基因组内各个基因表达的条件和表达的程度则随时间、地点和环境条件而有所不同，因而它们表达的模式，即表达产物的种类和数量随时间、地点、环境条件也是不同的。所以，蛋白质组是一个动态的概念。

20 世纪 70 年代，生物学家已经发现真核细胞染色体上的基因（编码蛋白质信息的染色体或 DNA 片段）之间是不连续的，基因之间存在着很大的间隔（不编码蛋白质信息的染色体或 DNA 片段），生物学家把这些不编码蛋白质的染色体，称为"垃圾基因"。

后来，DNA 测序技术的诞生和应用，证明不仅基因之间有很长的 DNA 片段不编码，就是基因内部也存在有许多不编码的间隔，这说明一个完整的基因，实际上是由许多不连续的 DNA 编码片段拼接起来的。因此，生物学家们进而把这些不编码蛋白质信息的 DNA，称为"垃圾 DNA"。

2003 年，随着人类基因组草图的完成，根据已经测出的 DNA 序列和结构分析，人类的基因总共大约有 2.6 万个，占基因总长度的约 1.5%，而 98.5% 的 DNA 是非编码区，也就是前面所说的"垃圾 DNA"。于是，生物学家启动了"ENCODE 计划"（意为 DNA 原件百科全书，Encyclopedia of DNA Elements），这个计划也就是要探明人类基因组中每个原件的功能。结构基因组的研究证明，人类和小鼠基因组大小、基因种类和数量，甚至基因的结构都很相似，但在个体形态和智力方面却有着天壤之别。由此人们想到，人类和小鼠的基因组的最小差异就是"垃圾 DNA"有所不同。由此可见，"垃圾 DNA"并不是垃圾，它可能与物种进化、胚胎发育、个体生长、疾病发生、机体衰老和死亡等生命现象有着密切的关系，也就是说与控制基因的变异、突变、表达、调控等密切相关。

现在已经查明所谓"垃圾 DNA"，实际上是一个庞大的"控制面板"，这个"控制面板"至少含有 400 万个基因的开关，可以调控数以百万计基因的活性。如果没有这些开关调控，基因将不能正常工作，而且这些区域的基因或许还会导致人类患上疾病。因此，人类基因组至少 80% 以上都是有功能的。

● 生物经济引擎

20 世纪是科学技术取得惊人成就，并推动社会经济快速发展的世纪。在林林总总令人震惊的进步中，1953 年 DNA 双螺旋结构的阐明，是最为突出的事件之一。它不仅改变了生命科学的面貌，而且预示着生物经济的来临。所谓生物经济是指包括生物体及相关产品的生产、加工、分配和应用等在内的，建立在生物技术产品和产业发展上的经济。它孕育于 20 世纪 50 年代，成长于 21 世纪初，并将在世界经济增长中占据主导地位。

以基因工程为核心的生物技术及其产业化在 20 世纪后半叶的崛起并不是偶然的。进入 20 世纪以来，由于人口的急剧增长，人类不得不运用现代科学技术以前所未有的速度和规模向自然界进行"掠夺性"的索取，其结果固然给人类物质生活带来繁荣，但同时也带来了粮食紧张、能源短缺和环境污染等一系列全球性社会问题。人们认识到继续沿着传统的工业模式走下去，无助于我们摆脱困境，从而渴望有新的技术改变我们的生活和地球的环境，使当今全球性的社会问题有所缓和。正是在这样的历史背景下，生物技术闯进了人类的社会生活，并对人类社会的方方面面产生了巨大的作用和影响。

重组 DNA 技术（即基因工程）的诞生是一次历史性的转折，人类基因组计划所开创的新局面更是千载难逢的历史机遇。发展生物技术促进生物经济的持续发展，首先要在这些领域有所建树。有关重组 DNA 技术的应用及其产业化，前面已经有所述及。在这里着重谈谈人类基因组计划的应用及其产业化的前景。

2001 年 2 月，科学家完成了人类基因组的测序，谱出了人类基因组的图谱。这是一项了不起的划时代的科学成就。它不仅破译了人类的生命密码，获得了洞察人类生老病死的有力武器，具有重大的科学意义，而且更为令人瞩目的是它蕴含着不可限量的商机和巨大的经济价值。

人类基因组计划是当代最令人敬畏和让人充满兴趣的科学热

点。它自 1990 年正式启动以来，进展神速，提前三年完成了测序任务，谱出了人类基因组的序列图谱。在人类基因组众多的基因中，大致可以分为疾病基因、疾病相关基因和功能基因。从经济的角度看，认识和开发致病基因或与疾病相关的基因是最有吸引力的。如果有一个这样的基因被开发出来，其价值可以高达几千万美元甚至上亿美元。据报道，肥胖基因的转让费就高达 1.4 亿美元。由此可见，基因就是钱，克隆一个基因就有可能形成一个基因的产业，这也是人类基因组研究和开发最为激动人心的地方。现在世界各国都盯着人类基因组的研发，希望尽快把一个基因转化为药物用于临床诊断和治疗。或许过不了多久，一个欣欣向荣的人类基因组工业就会出现在我们的眼前。

此外，人类基因组的研究揭示，人类基因组的 DNA 序列对于全人类来说，99.9% 是相同的，只有 0.1% 是有所差异的。也就是说，在任何两个不相干的人中，每 1 000 个碱基对，只有一个可能有差异，称为单核苷酸多态性（Single Nucleotide Polymorphism，SNP）。不要小看这 0.1%，正是这一微小的差异才出现种族的差异、人群的差异、个体的差异。搞清这一差异很关键。因为 SNP 既是高信息量的遗传标志，也是易感基因的连锁标志。现在世界各国都在做这方面的工作。由于人类基因组的基因是有限的，发现一个就少一个。一旦基因被专利化，那么谁先发现了某个基因，这个基因就归谁。基因资源的争夺战，比的是谁跑得快，谁占有更多的专利。我国人口多、病种多、几代同堂的家庭多，这无疑是一笔非常宝贵的遗传资源，对于今后研究和开发人体基因库是得天独厚的。我们应该充分利用这一资源优势，以只争朝夕的精神，抢占生物技术这个制高点。

人类基因组的研发还可以带动其他相关产业的发展。伴随着人类基因组计划而兴起的、可以处理海量信息的生物芯片技术，是最引人关注的。因为它是集现代生物技术和信息技术于一体的高新技术。它能将成千上万个与生命相关的信息分子集成到指甲大小的玻璃片或其他薄型固体器件上，快速、并行检测多种疾病或多种生物样品。现在研制的生物芯片有基因芯片、蛋白质芯片等。制作这些芯片并不是目的，最终是要在这个基础上制造出集样品制备、生化反应和结果于一体的微型全分析系统——芯片实验室。

生物芯片技术既能满足人类基因组计划开发的需求，也能促进信息技术的发展，从而在生物产业与信息产业这两个行业之间产生互动作用，促进生物经济的繁荣。生物芯片技术不仅具有重大的基础研究价值，而且还有明显的产业化前景。最为诱人的是生物芯片的每一个领域（如基因芯片、蛋白芯片等），都有可能成为一个新的经济增长点。

或许将来还可以制作基因芯片（DNA 芯片），作为计算机的基础制作生物计算机。当然，DNA 要向硅片挑战，恐怕还有一个过程。但是，生物技术与信息技术相结合，能创造出无限美好的前景是确信无疑的。

生物芯片的潜在价值还远不止于此。比如，它能将任何个人成千上万的关键性遗传变异记录下来，制造出一种"基因条码"。这样，医生就可以通过"刷卡"告诉你是属于什么样的人群，基因有什么特征，吃哪些药物更为有效，等等。估计要不了多久，生物芯片就会进入普通百姓的生活当中，广泛用于医学诊断、制药、农业、环保、军事等领域，像今天的电脑那样从各方面影响人类的生活方式。

展望以人类基因组计划为引擎的生物经济，它不仅具有极其广阔的前景，而且在未来的国际竞争中，这将会是角逐最为激烈的阵地。毫不夸张地说，谁在生命科学的前沿领域占据领先地位，谁就抢占了生命科学研究的制高点，拥有了 21 世纪最富有生命力的生物技术产业，成为生物经济的"领头羊"。

任何事物都有一个发展过程，在认识基因有效地利用和改造基因，建立生物经济正常运作方面，尤其是这样。从发现 DNA 双螺旋结构到第一个基因药物问世，才 30 多年；从第一家生物技术公司诞生到目前初具规模的产业化，也不过 30 多年。所以从生物经济的成长期到成熟期，的确还有很长的路要走。但是生物经济的鼎盛时代一定会到来。到那时，我们将会看到生物技术的影响广泛地渗透到非生物领域，改变许多非生物产业的生产模式，从而成为社会的基本需求。农业和医学是最先的受益者，到那时农场可望成为超级生物加工厂，许多农产品将出自这样的加工厂，而非来自农田；健康医疗方式将由治疗为主转到以预防为主，并按照预防模式进行管理。所有这一切，意味着生物技术将重塑知识经济的面貌，使人类社会迈入一个全新的发展时期。

● 历史的回顾

人类对生物体遗传和变异的探索有长远的历史，但是直到 19 世纪中叶，由于孟德尔的工作才把对遗传现象的研究引导到科学的基础上来。尽管由于历史条件的限制，当时孟德尔的发现没有引起世人的注意，但真理是不可能长久被埋没的，1900 年它又被重新发现，开创了遗传学的新纪元。

1906 年，英国生物学家贝特生在第三届国际遗传学会议上，首次建议用"遗传学"一词，来表述研究遗传和变异的科学。他在题为《遗传学研究进展》的论文中说："遗传学这个词，完全能表述我们所从事的阐明遗传和变异现象的工作。"从这以后，遗传学的进展很快。将近一个世纪以来，遗传学的研究已经从细胞水平进入到分子水平，把遗传学推进到接近经典化学实验条件下进行，并且能从精密科学的立场来解释实验所得的结果。如果说在 20 世纪 40 年代以前，还是围绕孟德尔定律而进行的经典遗传学的形成和发展时期，那么 40 年代以后就已经进入分子遗传学的建基和发展时期了。

遗传学为什么会在不长的时间里取得这样惊人的进展？究其原因是多方面的。首先，科学的连续性工作，也就是科学的继承性必然会使遗传学的研究朝着合乎逻辑的方向发展，步步深入，不断前进；其次，有许多从其他学科转到遗传学领域来的学者——薛定谔、玻尔、德尔布鲁克等和生物学家一起共同努力，把物理学的概念、原理应用到遗传学的研究上来，给遗传学注入了新的思想、新的动力；第三，有强大的、先进的、有效的实验技术装备，像 X 射线衍射技术、电泳、纸层析、超离心技术、电子计算机和电子显微镜等；第四，有精细的遗传图作为必要的科学档案；第五，科学家们的不同研究风格，以及他们恰当地选择实验材料和正确的科学方法等，也是不可忽视的。

从经典遗传学发展到现代遗传学，不仅它的理论日趋完善，而且其发展方向也是同整个生物学的发展方向相一致的。可以说，遗传学的进展是整个生物学发展的一个缩影。当然，从经典遗传学发展起来的现代遗传理论，也并不是十全十美的，还存在着一些缺点或者错误。比如说，现代遗传学重视分析的方法，固然是必要的，也是它取得重大成果的一个因素，因为采用分析法能使研究者熟悉有机体的遗传机能，并且能把研究工作从细胞水平深入到分子水平，弄清楚遗传和变异的机制，取得极为珍贵的资料。但是它也可能给人们带来"只见树木，不见森林"的片面性，如果没有正确的哲学思想作为指导，就比较容易失去整体的观点，因而对科学所提供的事实，常常做出片面的、不恰当的结论。例如：从经典遗传学到现代遗传理论，常常过多地强调性器官、性细胞、细胞核、DNA 的作用，而忽视（至少没有足够地重视）细胞质、有机体各部分之间，以及有机体和环境之间的相互联系，这不能不说是一种片面性的表现。

早在 20 世纪初，德国生物学家施佩曼（H. Speman，1869～1941 年）利用婴儿头发进行蝾螈卵的结扎实验就已经证明，早期胚胎的各个细胞核在发育能力上是没有差别的，而细胞质早已经有了分化，可见细胞的分化并不一定受细胞核的控制。后来他又发现动物原肠胚的背唇，有"诱导者"的作用，即它除去自身向一定方向分化外，还能诱导和它相邻近的外胚层细胞分化成神经组织。因此，个体发育的过程是细胞和细胞之间，或者部分和部分之间相互作用的过程。

1955 年，我国著名的胚胎学家童第周（1902～1979 年）和他的同事们，把金鱼的受精卵分割成动物极半球和植物极半球，并且把细胞核留在动物极半球部分，发现植物极半球不能分裂，而动物极半球能继续分裂，但是不能正常发育。如果在分割成动植物两半球之前，用离心机把植物极半球细胞的物质注入动物极半球部分，然后再进行分割，那么有核的动物极半球部分就不只能分裂，而且也能正常发育了。这说明在受精卵的细胞质里含有某种分化了的物质，如果缺少它，发育就不能正常进行。可见，细胞质里的某些成分可以协调细胞核的工作，或者说激活基因使它进行工作。因此，基因的作用和发育的正常进行，需要有一定的条件，孤立的 DNA 是不能表达它的功能的。事实上，有许多科学实验证明细胞质也有遗传作用。20 世纪 40 年代，索涅朋（T. M. Someborn）和他的同事就证明，草履虫的细胞质中存在有类似基因行为的物质，他们把它叫做卡巴颗粒。这是一种含 DNA 的胶状物质，它在一定程度上决定着遗传性状的表现，比如决定草履虫是不是放毒类型等。

此外，还有实验表明，如果外界条件如温度发生改变，引起细胞质从一种状态过渡到另一种状态，就能够使原来发生作用的DNA信息不活动，而让位于另一类型的DNA信息，从而使性状发生变化。例如，草履虫的抗原型，在29℃的时候形成抗原型D，25℃的时候形成抗原型G，18℃的时候形成抗原型S。目前，遗传学的研究越来越和发育生物学联系起来，并且试图建立遗传、发育和进化三者统一的理论。这种趋势表明，分析和综合是分不开的，应当从了解部分到了解整体，来达到洞察普遍联系的认识。

所以，遗传学的研究应当兼顾到有机体结构的不同层次——分子水平、细胞水平、个体水平、群体水平等和它们之间的相互关系；同时也要兼顾到个体发育的内外条件，研究遗传和发育的关系。分析和综合不是相互排斥，而是相互补充的。怎样在深入分析的基础上加强综合，从整体水平上来研究生命现象，是值得注意和进一步探索的课题。近年来得到发展的"系统论"，或许在这方面能提供有益的启发。

实践是检验真理的唯一标准，自然界的客观辩证法迟早会反映到自然科学中来。遗传学发展的历史清楚地告诉我们：一些科学概念、科学定律必然会随着科学实践的发展而有所扬弃，或者有所深化，绝不会永远停留在一个水平上。所以，我们要尊重科学事实，要随着科学的进展而接受新事物，不断修正或者抛弃过时的认识。但是，对于现代科学所提供的新成果，怎样做出正确的、合乎科学实际的哲学概括，倒是值得注意和研究的问题。

同遗传学的进展密切相联系，20世纪50年代在现代自然科学的舞台上出现了一门崭新的学科——分子生物学。的确，从分子水平研究生命现象，对许多生命的秘密，像遗传和变异，感觉和精神作用，细胞膜的功能，以及生物的进化等都比过去清楚多了。拿动物呼吸这个普遍的生命现象来说，它是同血红蛋白分子分不开的。因而阐明血红蛋白分子的结构，将不仅能告诉我们它是怎样的一个分子，而且也能说明它是怎样工作的。现在我们已经知道，血红蛋白是由4条肽链组成的，它能和4个分子的氧结合。就血红蛋白的行为来说，它不像个氧气瓶，倒像是分子肺。在氧分子和它结合的时候，其中两条肽链前后移动，因而它们之间的空隙显得比较狭窄，而在释放氧的时候就显得比较宽广。这样，血红蛋白分子形状的改变，使我们想到它是一个能呼吸的分子，不过它的膨胀不是在呼吸的时候而是在释放氧的时候发生的。

血红蛋白分子作为氧的运输者，一旦它的分子发生变异就会影响到呼吸功能的正常进行，从而引起某种疾病。早在1910年，美国芝加哥有一位黑人青年到医院看病，其症状是发烧和肌肉疼痛，经过医生检查发现他患的是当时人们还未认识的一种特殊的贫血症。这种病人的红细胞，不是正常的圆饼状而是弯曲镰刀状的。因此，人们称这种病为镰刀型细胞贫血症，它主要发生在非洲黑人中。在意大利、希腊等地中海沿岸国家发病人数也不少，我国南方地区也有此病例报道。1949年，鲍林（L. C. Pauling）等人研究了这种现象。他们用电泳法查明患这种病的病人，他的血红蛋白分子同正常人的不同，这种病和血红蛋白分子的异常有关。他们把这种由分子异常所引起的病，叫做分子病。同年，尼尔（J. V. Neel）等人证明这种病完全遵循孟德尔定律，并且它的杂合子兼有正常的和突变的基因特征。1956年，英国生物化学家英格兰姆（V. M. Ingram）进一步研究这种异常血红蛋白分子，发现它和正常的血红蛋白分子的差异，只是在它的多肽链位置上带有一个缬氨酸，而正常人的血红蛋白分子在这一位置上是谷氨酸。1966年阐明遗传密码以后，查明这种变异的原因是在于决定合成氨基酸的密码子发生了突变，由决定谷氨酸的密码子GAA或者GAG，变成了决定缬氨酸的密码子GUA或者GUG了，即在三体密码中第二个核苷酸的A变成了U。这样，就非常精确地找到了引起个别个体变异的原因。

此外，对所有脊椎动物的血红蛋白的研究表明，除圆口类外，它们都含有分子量是17 000的4条肽链，都有同型正铁血红素基团接在上面，所以整个分子结构是十分相似的。但是，不同的物种之间也有结构上的差别。据研究，人和黑猿的血红蛋白里，这些氨基酸在肽链上的排列方式是一样的，人和大猿也非常接近，只有4处不同，而人和马的差别就大了，有86处不同。

近年来，随着蛋白质和核酸化学结构测定方法的进展，就有可能对不同种属生物体中起相同作用的蛋白质或者核酸分子的化学结构进行比较。拿细胞色素C来说，它是一种从酵母到人类都有的、一种氧化食物所必需的古老的蛋白质分子。近年来科学家对将近100个生物种属的细胞色素C的化学结构进行了测定比较，结果发现亲缘关系越近，它们的结构就越相似。这样，根据它们在结构上的差异程度，就可以确定它们在亲缘关系上的远近，并由此得到反映生物进化的系统树。正像鲍林所说的那样，"测定血红蛋白分子和其他蛋白质分子的氨基酸顺序，会得到更多的有关进化过程的资料，并且将阐明物种起源问题。"

在分子水平上研究进化史有两个优点：一是信息更加容易定量；二是对非常不同的有机体类型能够加以比较，像酵母、松树和鱼，无疑是差别很大的有机类型，比较解剖学告诉我们，它们之间共同的东西比较少，但是从分子水平上看，这三种东西却有共同的蛋白质，并且是容易比较的。当然，分子水平也并不是在低级物质层次上研究生命的最后形式。人们对客观世界的认识是没有止境的。现在，分子水平的研究正逐步转向电子水平的研究，像研究联系 DNA 两条链的氢键是什么力，为什么一定的氨基酸必然要和特定的三联体密码子按细胞色素 C 氨基酸顺序相对应，酶为什么具有高度的催化力和专一性，生物分子是依靠什么识别的，等等。要把这些问题搞清楚，就一定得弄明白这些分子内部原子和电子作用的情况，弄明白分子间相互作用的道理。而这已经不是分子生物学所能解决的了，必须借助于量子生物学的研究才能做出科学的回答。

值得注意的是，在分子水平上的生物学研究，也提供了一些看起来和表型进化规律不一致的资料。1968～1969 年，日本的木村资生（MoToo Kimura，1924～1995 年）、美国的杰克·金（J. L. King）和朱克斯（T. H. Jukes），根据他们的研究，揭示出分子水平的进化和表型进化具有十分不同的进化图像。即，在核酸和蛋白质保持它们原有功能的情况下，作为核酸和蛋白质的相应构成单位的个别核苷酸和氨基酸，是逐渐被置换的；这种置换并没有改变核酸和蛋白质的功能，对生物的生存不是有利的，也不是有害的，而是中性的，因此，自然选择对它不起作用。他们把这样的分子进化叫做中性学说，或非达尔文主义进化理论。

按照这种理论，首先认为突变多半是中性的，如同义突变（参见遗传密码表）和非功能性 DNA 顺序中的突变（如细胞色素在各种生物中的氨基酸组成虽然有一些置换，但生理功能却不变，可见这种突变在选择上是中性的）。

其次，认为中性突变是恒定的，不受环境变化和生物世代的制约。根据他们对不同种类动物的血红蛋白、细胞色素 C 等分子进行比较研究，发现这些不同蛋白质之间进化速率的差异很大，比如血红蛋白链每个氨基酸位点每年按平均 10^{-9} 的比率变化着，而细胞色素 C 是用血红蛋白链 1/3 的速度在变化。可见，由于分子种类不同，它们的进化速度也不同。但是如果拿出单个分子来观察，尽管生物种类不同，它们的变化速度却几乎是相同的。如果把人的血红蛋白分子的 α 链和 β 链之间的差别，跟鲤鱼的 α 链和人的 β 链之间的差别做比较，就能看出在这两种情况中，α 和 β 链之间的差异程度大致相同，因为人的 α 链和鲤鱼的 α 链之间约有一半的氨基酸位点不同。这说明在两个不同谱系中，它们的 α 链用实际上相同的速率，经过大约 4 亿年的时间，各自积累了突变，结果一个成为鲤鱼，另一个成为人。这就是说，对每一个蛋白质来说，按氨基酸代换方式进行的进化速率，每年几乎是不变的，而且在各种不同的家系中也大致相同。此外，他们还发现有些功能上并不十分重要的蛋白质分子（如胰岛素原），它们的氨基酸置换快，而一些功能上十分重要的蛋白质分子（如组蛋白Ⅳ），它们的氨基酸置换却很慢。比如，牛和豌豆分化已经有 10 多亿年了，但是它们的组蛋白 Ⅳ 却只有两个氨基酸的不同。可见，中性突变的概率在很大的程度上取决于功能上的约束，约束越小，随机变化是中性的概率就越大，结果进化速率就增加。

第三，认为中性突变是通过随机的遗传漂变在群体里固定下来的，自然选择不起作用或者只起次要作用。

显然，这些从分子水平上所观察到的事实，是和表型的进化规律不一致的。因此，杰克·金和朱克斯在《非达尔文主义进化》一文中说："在表型水平上观察到的进化变化的形式，不一定适用于基因水平和分子水平。我们需要有新的法则，以便了解分子进化的形式和动力学。"

我们不难看到，在中性学说那里，强调的是突变的随机性，重视的是偶然性在生物进化中发生的作用。但是，这些问题还有待进一步研究。比如：究竟有没有真正的中性突变；如果认为中性突变是生物进化的主要动力，那么这种进化的偶然性就很大，任何一个具体事物或个体的出现都成为不可预见的偶然事件，对于偶然性在生物进化中的地位和作用还有待进一步探讨；遗传漂变实际上只在小群体范围内起作用，不能完全用来解释生物进化的定向性问题；表型水平的进化和分子水平的进化如何联系起来，还需要进行深入的研究和阐释。

主要参考文献

［1］J. D. Bernal. 历史上的科学［M］. 北京：科学出版社，1959.

［2］Allen G. E. 二十世纪的生命科学［M］. 北京：北京师范大学出版社，1985.

［3］Lois N. Magner. 生命科学史［M］. 武汉：华中工学院出版社，1985.

［4］Erik Nordenskiold. The history of Biology［M］. New York，1928.

［5］Willian Coleman. Biology in the Nineteenth Century［M］. New York，1971.

［6］A·沃尔夫. 十六、十七世纪科学、技术和哲学史（1935）［M］. 北京：商务印书馆，1985.

［7］W. C. 丹皮尔，科学史（1958）［M］. 北京：商务印书馆，1975.

［8］W. 普勒塞，D. 鲁克斯. 世界著名生物学家传记（1977）［M］. 北京：科学出版，1985.

［9］中国科学院自然科学研究所近现代科学研究室. 20 世纪科学技术简史［M］. 北京：科学出版社，1981.

［10］上海植物生理研究所，等. 光合作用研究进展［M］. 北京：科学出版社，1975.

［11］G. 迈尔. 生物学思想发展的历史（1982）［M］. 成都：四川教育出版社，1990.

［12］自然科学史研究所. 中国古代科技成就［M］. 北京：中国青年出版

社，1978.

[13] G. 孟德尔，T. H. 摩尔根，沃森，克里克，等. 遗传学经典论文选集 [M]. 北京：科学出版社，1984.

[14] 约翰·苏尔斯顿，乔治娜·费里. 生命的线索 [M]. 北京：中信出版社，2004.

[15] 贺林主编. 解码生命 [M]. 北京：科学出版社，2001.

[16] 杨焕明，等. 生命大解密——人类基因组计划 [M]. 北京：中国青年出版社，2000.

[17] T. 杜布赞斯基. 遗传学与物种起源 [M]. 北京：科学出版社，1982.

[18] C. R. 达尔文. 物种起源 [M]. 北京：科学出版社，1972.

[19] G. 孟德尔. 植物杂交的试验 [M]. 北京：科学出版社，1957.

[20] T. H. 摩尔根. 基因论 [M]. 北京：科学出版社，1959.

[21] R. 微耳和. 细胞病理学 [M]. 北京：人民卫生出版社，1963.

[22] 张润生，等. 中国古代名人传 [M]. 北京：中国青年出版社，1981.

[23] 木村资生. 分子水平上的进化速率 [J]. 科学与哲学，1979（3）.

[24] J. L. 金等. 非达尔文主义进化 [J]. 科学与哲学，1979（3）.

[25] 邱仁宗. 生命伦理学 [M]. 上海：上海人民出版社，1987.

[26] 倪慧芳，等. 21世纪生命伦理学难题 [M]. 北京：高等教育出版社，2000.

[27] 伊凡·巴甫洛夫. 巴甫洛夫全集（第三卷上册）[M]. 北京：人民卫生出版社，1962.

[28] 威廉·卡尔文. 大脑如何思维 [M]. 上海：上海科学技术出版社，1996.

[29] 吴国俊，等. 多基因病基因定位的策略和研究进展 [J]. 国外医学（遗传学分册），1997（20）：169–173.

[30] 陈竺，张思仲. 我国人类基因组研究面临的机遇和挑战 [J]. 中华医学遗传杂志，1998，15（4）：195–197.

[31] 余炎林，等. 人类基因组计划实施与人类文明考察 [J]. 医学与哲学. 1998（7）：346–350.

[32] 李胜，贺林. 开发人类基因组DNA多态资源 [A] //中国科学院主

编．科学发展报告．科学出版社，1999.

［33］杰里米·里夫金．生物技术世纪［M］．上海科技教育出版社，2000.

［34］李升伟编译．解读基因组学革命［J］．世界科学，2011（8）.

［35］张文韬编译．ENCODE：解读人类基因组的百科全书［J］．世界科学，2012（10）.

［36］张文韬编译．DNA双螺旋：引领生物学革命60年［J］．世界科学，2013（6）.

后　记

　　《简明生物学史话》是一部通俗的大众读物，在《从原始生物学到现代生物学》（中国青年出版社 1984 年版）的基础上修订而成，补充了近年来生物学的最新进展。全书简要地叙述了生物学从无到有、从少到多、从点到面、从浅到深的发展历程。

　　"观今宜鉴古，无古不成今"。了解原始人的生物学知识的萌芽，了解古代生物学知识的积累，了解近代自然科学发端时期生物学知识的增长，了解 19 世纪生物学知识的伟大成就，了解现代生物学在自然科学全面快速发展背景下向纵深发展的进程，了解当代生物技术和人类基因组计划的惊人成果，洞察现代生物学所取得的巨大成就及其对人类社会生活产生方方面面深刻影响的同时，也别忘记"科学必须前瞻"的使命，以理性地把握知识经济时代所面临的各种机遇和挑战，明确我们下一步该怎样干，这是生活在 21 世纪的人们应该做的事情，也是我们出版此书的期望所在。

　　本书是在知识产权出版社的热心帮助下完成的。书稿写成后，编辑同志们审阅并做了大量的修改和整理工作。对此，作者表示衷心的感谢。

　　限于本人的能力和水平，这本书还不很成熟，错漏失误之处在所难免，敬请读者批评指正。

作者
2013 年 10 月 25 日